高等学校计算机基础教育教材精选

大学计算机基础实验教程

王梅娟 主编
王兆丽 董会 副主编
刘艳云 张青 雷小宇 徐劼 洪宇 夏青 编著

清华大学出版社
北京

内容简介

本书以多年的"大学计算机基础"课程教学实践为基础,充分吸纳近年来国内外以培养计算思维为核心的计算机基础教学改革实践成果,为大学计算机基础课程理论教学提供配套实践训练,以深入贯彻计算思维通识教育。本书内容以 Python 语言为主体,内容涵盖计算实现、信息的表示与加解密、操作系统、数据库应用、网络技术与应用和多媒体信息处理等高等学校理工科专业"大学计算机基础"课程实验教学的主体内容。

本书适合作为高等学校理工科专业计算机基础课程实践教材,也可作为计算机培训、计算机等级考试和计算机爱好者的参考书。本书作为《大学计算机基础》理论教材的辅助教材同步配套出版,欢迎读者选用。

本书封面贴有清华大学出版社防伪标签,无标签者不得销售。
版权所有,侵权必究。举报: 010-62782989,beiqinquan@tup.tsinghua.edu.cn。

图书在版编目(CIP)数据

大学计算机基础实验教程/王梅娟主编.—北京:清华大学出版社,2020.9(2025.1重印)
高等学校计算机基础教育教材精选
ISBN 978-7-302-56109-5

Ⅰ.①大… Ⅱ.①王… Ⅲ.①电子计算机-高等学校-教材 Ⅳ.①TP3

中国版本图书馆 CIP 数据核字(2020)第 137014 号

责任编辑:张瑞庆
封面设计:常雪影
责任校对:焦丽丽
责任印制:宋　林

出版发行:清华大学出版社
　　　　网　　址: https://www.tup.com.cn, https://www.wqxuetang.com
　　　　地　　址: 北京清华大学学研大厦 A 座　　邮　编: 100084
　　　　社 总 机: 010-83470000　　　　　　　　邮　购: 010-62786544
　　　　投稿与读者服务: 010-62776969, c-service@tup.tsinghua.edu.cn
　　　　质量反馈: 010-62772015, zhiliang@tup.tsinghua.edu.cn
　　　　课件下载: https://www.tup.com.cn, 010-83470236
印 装 者: 三河市君旺印务有限公司
经　　销: 全国新华书店
开　　本: 185mm×260mm　　印　张: 16　　字　数: 390 千字
版　　次: 2020 年 9 月第 1 版　　　　　　　印　次: 2025 年 1 月第 6 次印刷
定　　价: 48.50 元

产品编号: 087905-01

前言

随着信息化的普及和渗入,计算机、计算机网络、计算机应用已成为绝大多数人工作和生活的基本工具,计算机科学与技术也成为人们必须学习的基础知识。"大学计算机基础"是大学本科教育的第一门计算机公共基础课程,作为科学文化基础课,课程的教学目标是"使学生获得理解计算机发展、软硬件系统、算法、信息安全等方面的基本知识,掌握信息处理的基本方法和多媒体运用的基本技术,初步具备运用计算工具解决实际问题的能力,培养学生的信息素养和计算思维。"

为了更好地开展课程实验教学工作,作者根据多年的教学积累,以课程理论知识点辅助案例贯穿全书,为训练以计算机作为工具的问题求解能力,编写了本实验教程。本书作为李辉主编的《大学计算机基础》理论教材的辅助教材同步配套出版,供读者选用,建议本实验教程与理论教材配合使用。

本书第1、2章由王梅娟编写,第3、4章由刘艳云编写,第5章由张青编写,第6、7章由董会编写,第8章由雷小宇编写,第9章由徐劼编写,第10章由洪宇编写,第11章由夏青编写,第12章由王兆丽编写。全书由王梅娟负责统稿,王兆丽对全书知识点案例进行了梳理,董会为本书的文字整理和审校做了大量工作。

本书编写过程中得到了胡谷雨、陈卫卫、宋金玉、张兴元、谢钧、贺建民、高素青、宋丽华等教师的指导,在此一并表示衷心的感谢。由于编者的水平有限,书中可能存在不足之处,欢迎读者提出宝贵意见。

编 者
2020年5月

目录

第 1 章　Python 程序设计基础 ·· 1
  1.1　Python 程序设计语言概述 ·· 1
  1.2　Python 编程环境 ··· 1
  1.3　Python 的基本概念 ··· 3
    1.3.1　Python 初识 ·· 3
    1.3.2　Python 常量 ·· 6
    1.3.3　Python 变量 ·· 7
  1.4　Python 基本数据类型 ··· 9
    1.4.1　字符串类型 ··· 9
    1.4.2　数字类型 ·· 11
    1.4.3　列表 ··· 13
    1.4.4　元组 ··· 16
    1.4.5　字典 ··· 16
  1.5　Python 基本运算 ·· 17
    1.5.1　字符串运算 ·· 17
    1.5.2　算术运算 ·· 18
    1.5.3　比较运算 ·· 19
    1.5.4　逻辑运算 ·· 19
    1.5.5　列表查找运算 ·· 20
    1.5.6　列表乘法运算 ·· 21
    1.5.7　位运算 ··· 21
    1.5.8　运算符的优先级 ·· 22
  1.6　Python 输出格式控制 ·· 23
    1.6.1　% 格式控制 ·· 23
    1.6.2　% 宽度控制 ·· 24
    1.6.3　format 格式控制 ·· 25
  1.7　单元实验 ·· 26

第 2 章　Python 基本控制语句 ·· 28
  2.1　顺序结构 ·· 28

   2.1.1 程序文件的执行 ………………………………………………………… 28
   2.1.2 常见异常 ………………………………………………………………… 29
   2.1.3 异常处理 ………………………………………………………………… 31
  2.2 分支结构 ……………………………………………………………………… 35
   2.2.1 单分支结构 ……………………………………………………………… 35
   2.2.2 双分支结构 ……………………………………………………………… 36
   2.2.3 多分支结构 ……………………………………………………………… 38
   2.2.4 分支的嵌套 ……………………………………………………………… 40
  2.3 循环结构 ……………………………………………………………………… 42
   2.3.1 while 循环 ……………………………………………………………… 43
   2.3.2 for 循环 ………………………………………………………………… 45
   2.3.3 循环嵌套 ………………………………………………………………… 51
   2.3.4 循环控制 ………………………………………………………………… 52
  2.4 单元实验 ……………………………………………………………………… 55

第 3 章 函数 …………………………………………………………………………… 59
  3.1 函数的定义与调用 …………………………………………………………… 59
  3.2 函数的参数 …………………………………………………………………… 60
   3.2.1 函数的形式参数与实际参数 …………………………………………… 60
   3.2.2 函数的参数类型 ………………………………………………………… 62
  3.3 函数的返回值 ………………………………………………………………… 65
   3.3.1 指定返回值和隐含返回值 ……………………………………………… 65
   3.3.2 多条 return 语句 ……………………………………………………… 66
   3.3.3 返回值类型 ……………………………………………………………… 67
  3.4 函数的嵌套 …………………………………………………………………… 68
  3.5 精选案例 ……………………………………………………………………… 70
  3.6 单元实验 ……………………………………………………………………… 75

第 4 章 模块 …………………………………………………………………………… 79
  4.1 模块的定义、导入与使用 …………………………………………………… 79
   4.1.1 什么是模块 ……………………………………………………………… 79
   4.1.2 模块的导入与使用 ……………………………………………………… 80
  4.2 包和库 ………………………………………………………………………… 84
   4.2.1 什么是包 ………………………………………………………………… 84
   4.2.2 标准库和第三方库 ……………………………………………………… 85
   4.2.3 包和库的导入与使用 …………………………………………………… 89
  4.3 精选案例 ……………………………………………………………………… 90
  4.4 单元实验 ……………………………………………………………………… 99

第 5 章 信息表示与加解密 101
5.1 加密原理 101
5.1.1 移位密码原理 102
5.1.2 ASCII 码 102
5.1.3 转换函数 103
5.2 字符串加解密 104
5.2.1 单个字符加解密 104
5.2.2 字符串加解密概述 106
5.3 文件加解密 109
5.3.1 从文件中读取数据 109
5.3.2 文件加解密概述 112
5.4 单元实验 116

第 6 章 系统进程管理 117
6.1 psutil 模块 117
6.1.1 psutil 模块的安装 117
6.1.2 psutil 模块的使用 118
6.2 OS 模块 122
6.3 进程信息 123
6.3.1 查看系统全部进程的 PID 123
6.3.2 实例化进程对象 124
6.3.3 创建、撤销进程 126
6.3.4 进程状态 129
6.4 单元实验 129

第 7 章 文件管理 131
7.1 查看系统存储信息 131
7.1.1 获取系统主存信息 131
7.1.2 获取交换区的信息 132
7.1.3 获取磁盘信息 133
7.2 目录操作 134
7.3 文件操作 137
7.3.1 打开、创建文件 137
7.3.2 向文件写入内容 138
7.3.3 文件的指针定位与查询 141
7.3.4 从文件读取内容 142
7.4 删除、复制、移动、重命名文件和文件夹 145
7.4.1 删除文件和文件夹 145
7.4.2 复制文件和文件夹 146

		7.4.3 移动文件和文件夹 ··	147

       7.4.3 移动文件和文件夹 ·· 147
       7.4.4 重命名文件和文件夹 ······································ 147
  7.5 单元实验 ··· 147

第 8 章　数据库及其基本操作 ·· 149

  8.1 MySQL 数据库 ·· 149
  8.2 数据库定义 ··· 161
       8.2.1 基本 SQL 语言 ·· 161
       8.2.2 创建、删除数据库 ·· 161
       8.2.3 创建、删除基本表 ·· 162
  8.3 数据查询 ··· 169
       8.3.1 SQL 的单表查询 ·· 169
       8.3.2 多表连接查询 ··· 172
  8.4 数据更新操作 ··· 173
       8.4.1 插入数据 ·· 173
       8.4.2 修改数据 ·· 174
       8.4.3 删除数据 ·· 174
  8.5 单元实验 ··· 175

第 9 章　数据库访问 ··· 176

  9.1 Python 的 Database API ····································· 176
  9.2 PyMySQL 的安装 ·· 178
       9.2.1 在线安装模式 ··· 178
       9.2.2 离线安装模式 ··· 179
  9.3 PyMySQL 的连接和游标 ·································· 180
       9.3.1 连接 MySQL 数据库 ···································· 180
       9.3.2 游标 ·· 181
  9.4 数据库操作 ··· 182
       9.4.1 表的新建和删除 ·· 182
       9.4.2 数据的插入 ··· 183
       9.4.3 数据的更新 ··· 185
       9.4.4 数据的删除 ··· 187
       9.4.5 数据的查询和提取 ······································ 187
       9.4.6 查询结果的返回值类型 ································ 191
       9.4.7 移动游标 ·· 193
  9.5 单元实验 ··· 194

第 10 章　网络通信应用 ·· 195

  10.1 进程通信 ·· 195

	10.1.1 半双工 Socket 通信 195
	10.1.2 全双工 Socket 通信 198
10.2	邮件收发 199
	10.2.1 POP3 协议 200
	10.2.2 IMAP4 协议 202
	10.2.3 SMTP 协议 205
10.3	网站访问 206
10.4	单元实验 209

第 11 章 网络爬虫应用 210

11.1	爬虫的原理 210
11.2	爬虫的基础知识 211
	11.2.1 HTML 基本语法 211
	11.2.2 HTTP 协议 212
11.3	使用 Requests 库抓取网页 214
	11.3.1 安装 Requests 库 214
	11.3.2 使用 Requests 库抓取网页 214
	11.3.3 使用 Requests 库抓取图片 217
11.4	使用 BeautifulSoup 库解析网页 218
	11.4.1 安装 BeautifulSoup 库 218
	11.4.2 使用 BeautifulSoup 库解析 HTML 218
11.5	爬取图片 224
	11.5.1 网页源码分析 225
	11.5.2 代码框架 226
	11.5.3 图片信息获取 226
	11.5.4 图片获取和保存 227
	11.5.5 代码执行结果 227
11.6	爬取数据 227
	11.6.1 网页源码分析 229
	11.6.2 总体代码框架 229
	11.6.3 数据爬取部分的代码框架 229
	11.6.4 解析网页中的数据 230
	11.6.5 保存数据到文件 230
	11.6.6 数据分析 231
	11.6.7 数据分析代码框架 231
	11.6.8 数据读取和处理 232
	11.6.9 数据展现 232
11.7	单元实验 233

第 12 章 多媒体信息处理 ·· 235
12.1 图像信息的处理 ·· 235
12.1.1 图像的数学模型 ·· 235
12.1.2 PIL 库 ·· 236
12.1.3 制作马赛克效果 ·· 237
12.1.4 图像降噪 ·· 240
12.2 数字音频的处理 ·· 241
12.2.1 pydub 库 ·· 241
12.2.2 音频文件处理 ·· 242
12.3 单元实验 ·· 243

参考文献 ·· 245

第 1 章 Python 程序设计基础

Python 是一种面向对象的解释型计算机程序设计语言,由荷兰人 Guido van Rossum 于 1989 年发明,1991 年公开发行了第一个版本。

与其他高级程序语言相比,Python 代码因其接近人类思维方式和表达方式,具有更简洁、更有表现力的优势,因此本书的实验和问题的求解都是通过 Python 程序来实现的。

本章首先从 Python 基础介绍开始,帮助读者快速了解 Python 程序设计的概念和基础语法,为后续实验提供编程基础。

1.1 Python 程序设计语言概述

Python 是纯粹的自由软件,源代码和解释器遵循 GPL(GNU General Public License)协议。Python 语法简洁清晰,具有丰富和强大的库,这是它成为当前热门程序开发语言的重要原因。它常被昵称为胶水语言,能够把用其他语言(尤其是 C/C++ 语言)制作的各种模块很轻松地连接在一起。常见的一种应用情形是,使用 Python 快速生成程序的原型(有时甚至是程序的最终界面),然后对其中有特别要求的部分,用更合适的语言改写。例如,3D 游戏中的图形渲染模块的性能要求特别高,就可以用 C/C++ 重写,而后封装为 Python 可以调用的扩展类库。

目前,有两个不同的 Python 版本:Python 2 和较新的 Python 3。对于已经使用了 Python 一段时间的开发人员而言,他们可能仍愿意使用 Python 2,因为有某些功能包是基于 Python 2 的语法开发的,还未更新推出支持 Python 3 的版本。但是对于初学者,推荐使用 Python 3,因为 Python 开发者毕竟一直致力于丰富和强化其功能,其中最大的一个改变就是使用 Unicode 作为默认编码,在 Python 2.x 中直接写中文会报错,但在 Python 3 中可以直接写中文。目前,官方最新的版本是 2019 年 12 月 18 日推出的 Python 3.8.1,为了更方便地兼容本书后续章节的相关模块,下面以 Python 3.6 为基础,介绍 Python 编程所需的基础知识。

1.2 Python 编程环境

1. 检查当前系统是否已经安装 Python 编程环境

在"开始"菜单中输入 Command 并按回车键(或选择组合键 Win+R),打开命令窗口,输入 python 并按回车键。如果出现 Python 提示符">>>",如图 1-1 所示,则说明系统中已经安装了 Python 编程环境;如果看到一条错误消息,指出 Python 是无法识别的命令,则说明系统中还未安装 Python 编程环境。

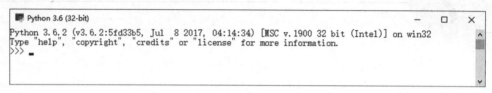

图 1-1 已安装 Python 编程环境

2. 安装 Python 编程环境

访问 Python 官网下载网址 http://python.org/downloads/,下载 Python 3.6.2 并运行,注意安装过程确保勾选复选框 Add Python 3.6 to PATH,如图 1-2 所示。

再次强调:Python 3 与 Python 2 在语法上存在一定的差异,同时 32 位版本和 64 位版本也存在不兼容的情况,所以选择适合当前计算机的版本很重要。

图 1-2 Python 3.6 安装界面

安装成功后,系统运行交互界面 Shell 如图 1-3 所示。

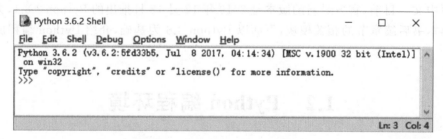

图 1-3 Python 3.6.2 Shell 界面

3. 安装文本编辑器 Geany

尽管 Python 提供的 IDLE 本身可以编写完整的程序，但是借用其他文本编辑器也是一个很不错的选择，比如 Geany 就是一个常用的文本编辑器。访问 Geany 官网 http://geany.org/，进入 Download 下的 Releases，找到 geany-1.36_setup.exe 或类似的版本文件，下载并安装。如果需要配置，选择菜单 Build 下的 Set Build Commands，设置终端会话中需要使用的路径，可以选用默认。Geany 的运行界面如图 1-4 所示。

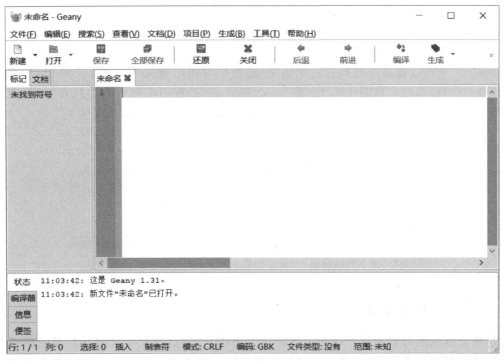

图 1-4　Geany 的运行界面

除了 Geany，还有很多支持 Python 程序编辑的第三方文本工具，如 Pycharm、Sublime Text 等，读者可以根据个人的喜好和习惯来选择，本书的实验均在 IDLE 环境下完成。

1.3　Python 的基本概念

1.3.1　Python 初识

1. 启动 Python Shell

交互式解释器 Shell 是 Python 的优势强项之一，它让解决方案可以实时地检验并反馈给用户，特别是在初学者想了解一些语句是什么含义或者如何使用某些语句的时候，Shell 可以高效地帮助用户实现快速调试和互动体验。

运行 Python 的 IDLE(本书示例版本的默认名称是 IDLE(Python 3.6 32-bit)),在 Shell 会话中执行如图 1-5 所示的命令,可看到输出"Hello Python World!"。

注意:所有的代码符号都是英文半角格式。

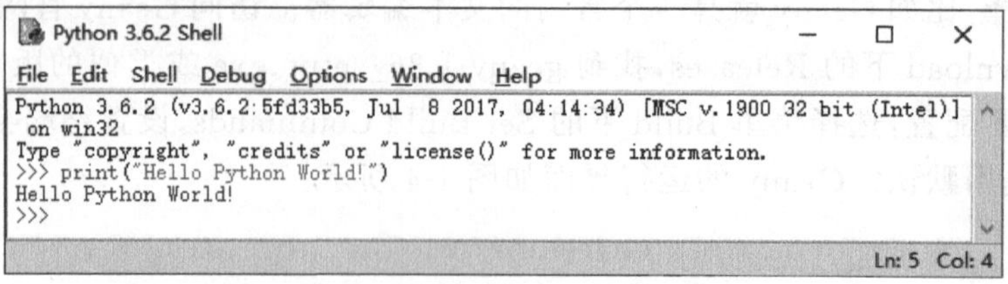

图 1-5 交互式解释器 Shell 中的第一个 hello 程序

Shell 交互不仅包括实时显示指令结果,还包括与用户的交互。交互会话中,在交互式提示符>>>后面输入如图 1-6 所示的 input 输入语句,按回车键可查看执行结果,在光标等待处输入 6 并按回车键,此时输出语句 print(n)输出 n 的值,运行结果为 6。

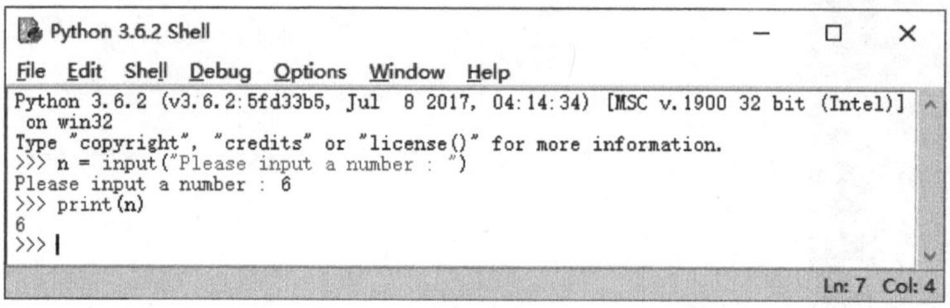

图 1-6 交互式解释器 Shell 中的输入 input 语句和输出 print 语句

2. 第一个 Python 文件

尽管交互式解释器给用户带来了便捷的用户体验,但是在交互式解释器里的一切都会在关闭退出的时候丢失,如果希望保留可以重复运行或流传的代码程序,那么就要借助文本编辑器 IDLE。

在刚刚使用的 Python Shell 窗口中选择 File 菜单下的 New File 命令(或者选择 Ctrl+N("新建")组合键),可以新建一个空白的 Python 文档,一般用来执行完整的 Python 程序,而不是采用交互式的方式。文本编辑窗口和交互式解释器窗口最明显的区别在于 IDLE 文本编辑器环境中没有交互式提示符>>>,如图 1-7 所示。

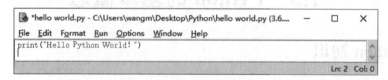

图 1-7 文本编辑器 IDLE 中的 hello world.py 文件

选择 File 菜单下的 Save 命令,在弹出的 Save as 窗口中,输入文件名为 hello world(文件名尽量见名知意,一般与代码功能有关,或具有明显的标志性),选择保存到指定位置(如桌面或者 D:\Python,否则文件会被保存在软件安装的默认路径,如~\AppData\Local\ProgramsPython\

Python36-32,其中,~为系统用户名文件夹,查找使用不方便),而 Python 解析器会自动地将文件赋予扩展名.py,如果使用的是别的文本编辑工具,默认的文件名大多可能是.txt,所以主动给文件赋予扩展名.py 是很重要的,否则 Python 解析器将无法识别并执行代码。

IDLE 具有语法突出的特点,如图 1-7 中的 print 可以直接被编辑器识别为函数名称,因此用紫色显示;而"Hello Python World"因为双引号的约束被识别为一个字符串故不是 Python 的语法代码,因此用绿色显示。当代码越来越长的时候,这种醒目的颜色可以帮助人们提高识别结构和理解代码的效率。

选择 Run 菜单下的 Run Module 命令(或选择 F5 键),可以得到程序的运行结果,即输出"Hello Python World!",如图 1-8 所示。

图 1-8 文件 hello world.py 的运行结果

3. 启动 Geany

Geany 是一个可以进行文本编辑的编辑器,支持 Python 程序运行。运行 Geany,在会话中输入:print("Hello Python World!"),选择保存为 C:\Users\wangm\Desktop 桌面路径下的 first.py。Geany 支持多种类型文件的编辑和运行,根据后缀名来判断并选择不同的编译器,且默认文件类型不是 Python 文件,因此和 IDLE 默认为.py 文件不同,用户必须主动告诉 Geany 文件类型是什么。扩展名.py 表示这是一个 Python 程序,编辑器将使用 Python 解释器来运行。单击工具栏中的"执行"按钮,执行结果如图 1-9 所示。

图 1-9 Geany 执行 Python 语句

推荐使用 Geany 编辑器的原因之一在于编译结果可以在程序窗口中查看,而且代码自带行号,方便用户定位,用户可以根据自己的习惯选择 IDLE、Geany 或其他编辑器。

4. 注释与 Python 之禅

以井号"#"开头的注释语句可以很好地告诉别人自己的代码的意义或者接下来要做的工作,系统并不执行注释语句行。当程序越来越复杂的时候,一定要通过自然语言注释来帮助代码阐述自己的思想,但程序员同时应该确保注释中描述的都是重要的事情,而不需要重复代码中显而易见的内容,以确保代码的简洁。

Python 的一些理念都包含在"Python 之禅"(由 Tim Peters 整理)中,这里的原则对新手而言非常重要。

参考代码如下。

```
>>> #向大家问好
>>> print("Hello Python World!")
>>> #Python 之禅
>>> import this
```

运行结果如图 1-10 所示,读者应深刻地记下这里的指导原则。

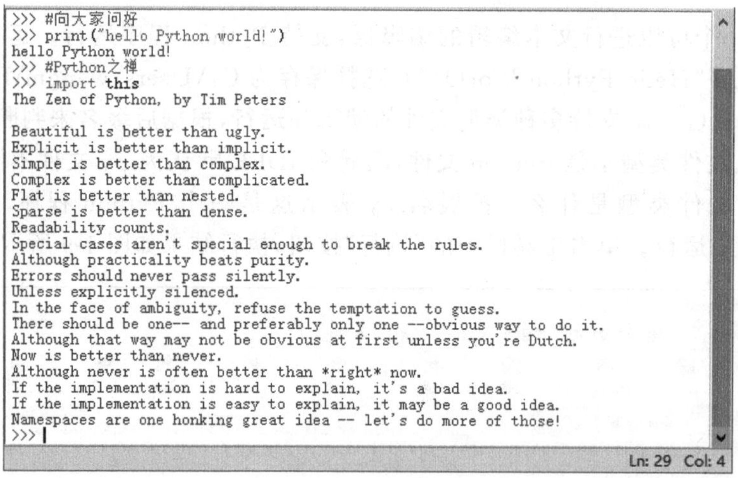

图 1-10 "Python 之禅"中关于 Python 的指导原则

1.3.2 Python 常量

1. 常量的定义

常量,顾名思义,就是在运行过程中值不会发生变化的数据对象。例如,刚刚使用的字符串"Hello Python World!"就是一个字符串常量。数值 6 就是一个整型常量。

有一些高级编程语言支持专门的常量定义语法。比如 C 语言,通过关键字 const 可以定义常量,例如:

```
const  int  age =19;
```

注意：一旦定义 age 为 const 常量，则更改 age 的值就会报错。

但是，Python 中没有使用语法强制定义常量，如果非要定义常量，变量名必须全大写，即使如此，其值从语法角度仍能修改。

```
>>>AGE =18
>>>print(AGE)
>>>AGE =AGE +1
>>>print(AGE)
```

运行结果如图 1-11 所示。

图 1-11 Python 的常量

说明：

（1）通过第三条指令的输出结果可以看出，Python 其实就只制定了一个规范，而没有制定常量的语法，因此 Python 中的常量也是可以修改的，但并不建议修改常量。

（2）为了和其他高级编程语言保持一致，Python 完善了用模块和类（详见第 4 章）的方法强制实现常量类型的定义，在特别的需求下可以使用。

2. Python 内置常量

Python 提供了少数常量存在于内置命名空间中，用户可以直接使用。以下是 Python 系统的内置常量。

False：bool 类型的假值。

True：bool 类型的真值。

None：NoneType 类型的唯一值，None 经常用于表示缺少值。

给 False、True、None 等系统内置常量赋值是非法的，并且会引发系统报错（Syntax Error），由于不能为其重新赋值，所以它们被认为是"真正"的常量。

1.3.3 Python 变量

1. 变量的定义

变量，顾名思义，就是在运行过程中值可能会发生变化的数据对象。变量一般有字符串变量、整型变量、布尔变量等。高级编程语言都会使用变量来存放数据对象，有的是为了实现从输入到输出的变化，有的是为了实现程序流转的控制。

例如，刚刚使用的字符串"Hello Python World!"就可以定义成一个名为 string 的变量，用来存放这个字符串。

```
>>>string="Hello Python World!"
>>>print(string)
>>>print("Hello Python World!")
```

运行结果如图 1-12 所示。

```
>>> string="Hello Python World!"
>>> print(string)
Hello Python World!
>>> print("Hello Python World!")
Hello Python World!
>>>
```

图 1-12　变量 string 的使用

说明：

（1）在程序设计中，等号"＝"代表的含义是赋值操作，将等号右边的值赋给左边的变量，这与数学表达式中的等号有着不同的含义，初学者要特别留意。

（2）由于赋值"＝"的特殊语法，所以不允许等号的左边出现常量。例如，3＝num 是错误的语法，无论变量 num 的值是多少，都无法将它赋值给常量 3。

应用变量概念的优势在于，在程序中可以重新为这个变量赋值，例如：

```
>>>num="Hello Python World!"
>>>num
>>>num=5
>>>print(num)
```

运行结果如图 1-13 所示。

```
>>> num="Hello Python World!"
>>> num
'Hello Python World!'
>>> num=5
>>> print(num)
5
>>>
```

图 1-13　变量的赋值和显示

可见，Python 对变量的类型限定并不严苛。

2. 变量名

在 Python 中使用变量，一定要赋予它一个名字，也就是变量名，又称标识符。变量名的定义需要遵守一些必要的语法规定，违反这些规定将引发系统报错；同时，还需要遵循一些约定的指南，这些指南旨在让用户所编写的代码更容易阅读和理解。

说明：

（1）变量名只能包含字母、数字和下画线，其中字母和下画线"_"可以打头（作为变量的第一个字符），而数字不可以打头。例如，string、string1、string_1、_string1 都是正确有效的变量名，而 1string、1_string 都是错误的变量名。

（2）变量名不能包含空格。当我们特别希望用空格的时候，一般用下画线代替。例如，student number 用于表示变量名就是错误的，需要改为 student_number。

(3) 不能将 Python 的关键字和函数名作为变量名。例如,print 不能作为变量名,其他还有很多,读者可以在实践中进行总结。

(4) 变量名应尽量见名知意,并且简短。例如,student_number 比 s_n 好,而 sum 比 s 好,name_length 比 length_of_persons_name 好。

(5) 尽量避免使用小写字母 l 和数字 1、大写字母 O 和数字 0,因为它们看上去不容易分辨。

1.4 Python 基本数据类型

1.4.1 字符串类型

1. 字符串

字符串就是一系列字符,在 Python 中,要用引号括起来,可以是单引号,也可以是双引号,还可以是三引号。字符串可以被赋值给一个字符串变量。

在会话中依次输入下述代码。

```
#字符串的基本表示
>>>print("Language:\n\tEnglish\t\tChinese\t\t\tPython")
>>>firststring="hello python world!!"
>>>print(firststring)
>>>print("string")
```

运行结果如图 1-14 所示。

图 1-14 字符串运行结果

说明:

(1) 通过查看和分析结果可以发现,字符串中的\n 和\t 被显示为换行效果和空格效果,这是因为转义字符\的作用结果。这里\n 代表的不是斜杠和 n 两个字符,而是一个字符:回车换行。而\t 代表的也不是斜杠和 t 两个字符,而是一个字符:Tab 空格(通常为 8 个连续的空格字符)。读者可以将这些细节记住,并不断积累 Python 程序设计的语法基础。

(2) 字符串常量和字符串变量的区别在于引号的使用。字符串常量由引号括起来直接使用,字符串变量一般通过变量名来引用。

(3) 如果一个字符串变量没有被赋值,在执行的时候系统会报错。

在会话中依次输入下述代码。

```
#字符串变量引用必须先定义
>>>print(strin)
>>>print(string)
```

运行结果如图 1-15 所示。

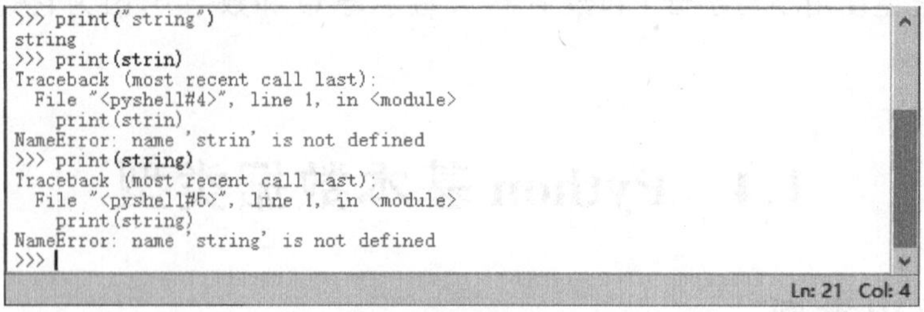

```
>>> print("string")
string
>>> print(strin)
Traceback (most recent call last):
  File "<pyshell#4>", line 1, in <module>
    print(strin)
NameError: name 'strin' is not defined
>>> print(string)
Traceback (most recent call last):
  File "<pyshell#5>", line 1, in <module>
    print(string)
NameError: name 'string' is not defined
>>>
```

图 1-15　字符串未定义报错

说明：

(1) 由于此前只定义了变量 firststring，没有定义变量 strin 和 string，因此只能输出字符串常量"string"，而不能输出字符串变量 strin 和 string。

(2) 如果读者是在如图 1-12 所示执行后未关闭窗口就连续输入的话，那么此时最后一条指令 print(string)不会报错，运行结果如图 1-16 所示，因为此前变量 string 已经被定义。

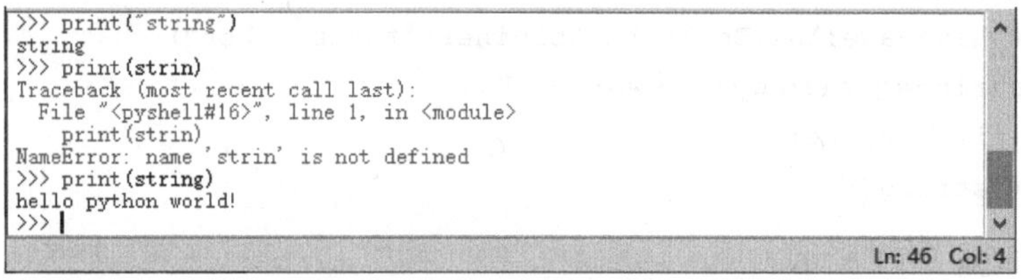

```
>>> print("string")
string
>>> print(strin)
Traceback (most recent call last):
  File "<pyshell#16>", line 1, in <module>
    print(strin)
NameError: name 'strin' is not defined
>>> print(string)
hello python world!
>>>
```

图 1-16　字符串变量已定义运行结果

2. 字符串类型的常用方法

这里的方法是指 Python 可对数据执行的操作，每个方法后面都有一对圆括号"( )"，圆括号里面有时需要额外的信息来完成其功能的执行，如果不需要其他额外信息则仅圆括号即可。

继续输入如下代码。

```
#字符串的常用显示
>>>print(firststring.title())
>>>print(firststring.upper())
>>>print(firststring.lower())
```

运行结果如图 1-17 所示。

说明：

(1) 在上述 print 语句中，在字符串变量 firststring 的后面，通过英文句点"."运算让 Python 对变量 firststring 执行方法指定的操作。

```
>>> firststring="hello python world!!"
>>> print(firststring.title())
Hello Python World!!
>>> print(firststring.upper())
HELLO PYTHON WORLD!!
>>> print(firststring.lower())
hello python world!!
>>>
```

图 1-17　字符串调用方法运行结果

（2）方法.title()是使首字母大写的方式显示每个单词的操作。

（3）方法.upper()是将字符串改为全部大写的操作。

（4）方法.lower()是将字符串改为全部小写的操作。

1.4.2　数字类型

1. 整数

在会话中依次输入下述代码。

```
#数值型数据
>>>print(18)
>>>print(3+2)
>>>a=2
>>>a
>>>print(a)
```

运行结果如图 1-18 所示。

```
>>> print(18)
18
>>> print(3+2)
5
>>> a=2
>>> a
2
>>> print(a)
2
>>>
```

图 1-18　整数

和字符串一样，整数也有常量和变量的区别。这里的固定数值 18、3、2 就是整型常量值，而 a 就是一个变量。继续执行如下命令，查看 a 被重新赋值的结果。

```
>>>a=666
>>>a
```

运行结果如图 1-19 所示。

图 1-19　整数变量

2. 浮点数

Python 将带小数点的数字都称为浮点数,和所有语言一样,由于计算机内部表示数据的方式很难精确地表示浮点数,而会产生多余位数,通常会被忽略不计。

在会话中依次输入下述代码。

```
#浮点型数据
>>>0.1
>>>0.2
>>>0.1+0.2
```

运行结果如图 1-20 所示。

```
>>> 0.1
0.1
>>> 0.2
0.2
>>> 0.1 + 0.2
0.30000000000000004
>>>
                                    Ln: 9  Col: 4
```

图 1-20 浮点数

说明:在计算机中,浮点数的运算不是按照人们已有算术知识系统解释的。例如,程序执行结果为 0.1+0.2=0.30000000000000004,如果再增加如下一条语句:

```
#两个连续等号==表示逻辑判断是否相等,结果为 True 或 False
>>>0.1+0.2==0.3
```

那么结果看似应该 Ture,但实际会显示 False,如图 1-21 所示。

```
>>> #两个连续等号==表示逻辑判断是否相等,结果为True或False
>>> 0.1+0.2 == 0.3
False
>>>
                                    Ln: 6  Col: 4
```

图 1-21 浮点数判断逻辑相等

这是由于底层 CPU 和 IEEE 754 标准通过自己的浮点单位去执行算术运算时的特征,看似有穷的小数,在计算机的二进制表示里却是无穷的。甚至,小数点后的位数会因使用的 Python 版本的不同而有所区别。一般情况下,会忽略这种误差。但如果不能容忍这种误差(如金融领域),就需要通过一些功能模块的调用来解决这个问题了,此处不再赘述。

3. 布尔类型

布尔(bool)类型只有 True(正确,真)和 False(错误,假)两种值。

True:一个条件正确,为真,Python 把 1 和其他数值和非空字符串都看成 True。

False:一个条件错误,为假,Python 把 0、空字符串' '和 None 都看成 False。

计算机的信息表示中,True 和 False 这两个值和数字 0、1 是两回事,True 不一定就是 1,False 也不一定就是 0。

1.4.3 列表

1. 列表

列表用方括号"[ ]"表示,是由一系列按特定顺序排列的元素组成的,可以创建包含字母表、数字或所有家庭成员姓名的列表,也可以将任何东西加入列表,其元素之间没有任何关系。由于列表通常包括多个元素,因此列表名一般是复数名称。

在会话中依次输入下述代码,并时刻查看结果。

```
#列表的基本概念
>>>students=['Alice', 'Bob', 'Candy', 'David']
>>>print(students)
>>>print(students[0])
>>>print(students[0].upper())
>>>students[0]='Elle'
>>>print(students[0])
>>>print(students[-1])
>>>print("I like "+students[2]+" !\n")
```

运行结果如图 1-22 所示。

```
>>> students=['Alice', 'Bob', 'Candy', 'David']
>>> print(students)
['Alice', 'Bob', 'Candy', 'David']
>>> print(students[0])
Alice
>>> print(students[0].upper())
ALICE
>>> students[0]= 'Elle'
>>> print(students[0])
Elle
>>> print(students[-1])
David
>>> print("I like "+students[2]+ " !\n")
I like Candy !
>>>
                                    Ln: 36 Col: 4
```

图 1-22 列表的基本概念

说明:

(1) 可以整体显示列表中所有元素,也可以单独显示列表中某一个元素。

(2) 列表中的元素可以看作一个单个变量,可以直接赋值,还可以直接参与运算。

(3) 列表元素的引用通过"列表名[下标]"的方式实现,下标从 0 开始,对于包含 N 个元素的列表,最大下标为 N−1,可以按 0~N−1 依次按顺序引用列表中元素。

(4) 允许从−1 开始从后往前引用,下标−1 引用的即列表中的最后一个元素。

当下标引用错误的时候,系统会报错,多数错误是由下标引用越界造成的。索引超过列表长度时系统会提示错误;当列表为空时,−1 索引也会报错。

在会话中继续依次输入下述代码,并时刻查看结果。

```
#列表下标引用不能越界
>>>print(students[4])
```

```
>>>cats=[]
>>>print(cats[-1])
```

运行结果如图 1-23 所示。

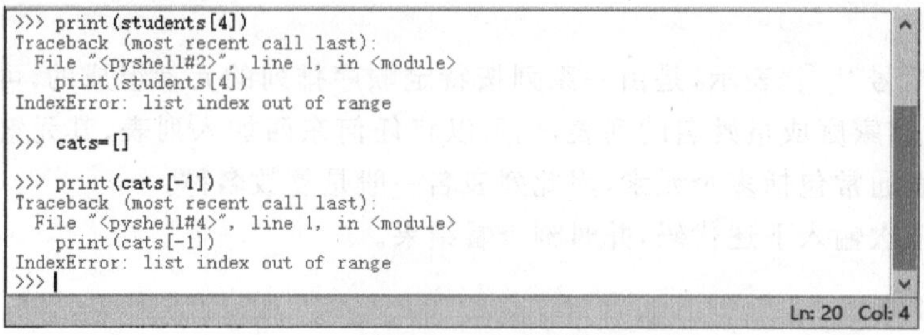

```
>>> print(students[4])
Traceback (most recent call last):
  File "<pyshell#2>", line 1, in <module>
    print(students[4])
IndexError: list index out of range
>>> cats=[]
>>> print(cats[-1])
Traceback (most recent call last):
  File "<pyshell#4>", line 1, in <module>
    print(cats[-1])
IndexError: list index out of range
>>>
```

图 1-23　列表的下标引用越界报错

2. 列表的常用方法

在会话中继续输入下述代码，并时刻查看结果。

```
#列表的常用操作
>>>students.append('Sunny')
>>>print(students)
>>>students.insert(2, 'Tom')
>>>print(students)
>>>del students[1]
>>>print(students)
>>>myfriend=students.pop()
>>>print(myfriend)
>>>print(students)
>>>len=len(students)
>>>print(len)
>>>print(students)
```

运行结果如图 1-24 所示。

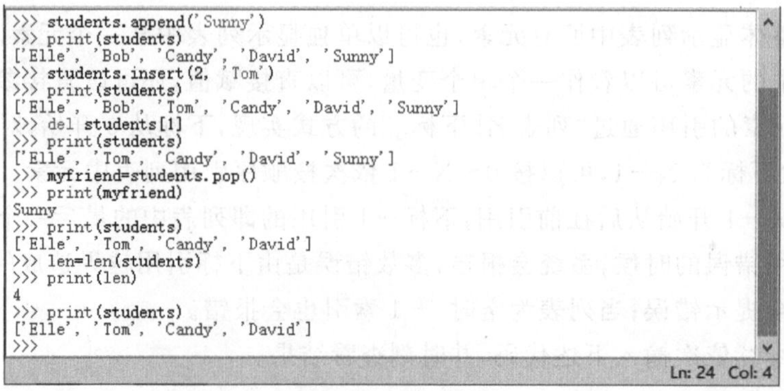

```
>>> students.append('Sunny')
>>> print(students)
['Elle', 'Bob', 'Candy', 'David', 'Sunny']
>>> students.insert(2, 'Tom')
>>> print(students)
['Elle', 'Bob', 'Tom', 'Candy', 'David', 'Sunny']
>>> del students[1]
>>> print(students)
['Elle', 'Tom', 'Candy', 'David', 'Sunny']
>>> myfriend=students.pop()
>>> print(myfriend)
Sunny
>>> print(students)
['Elle', 'Tom', 'Candy', 'David']
>>> len=len(students)
>>> print(len)
4
>>> print(students)
['Elle', 'Tom', 'Candy', 'David']
>>>
```

图 1-24　列表的常用操作

说明：

(1) 列表的成员函数.append(x)的意义是在列表的最后追加一个新元素,新元素的值由函数 append(x)的参数 x 的值决定。

(2) 列表的成员函数.insert(x,y)的意义是在列表的下标 x 位置插入一个值为 y 的新元素。

(3) 列表的成员函数.pop()的意义是获取列表中最后一个元素的值,并将它弹出列表（即从列表中删除）。

(4) del 命令是准确地通过索引定位来删除列表中的元素,同样这里的索引下标不允许越界。

del 命令删除元素需要通过索引定位,如果是想通过内容查找来删除元素且不知道该元素的下标,可以使用列表的成员函数.remove(x)来删除,其意义是在列表中查找第一个值为 x 的元素,并将它移出列表（从列表中删除）,如果元素 x 不在列表中,则执行会报错。

在会话中继续输入下述代码,并时刻查看结果。

```
#列表元素删除操作
>>>students.remove('Candy')
>>>print(students)
>>>students.remove('Bob')
>>>print(students)
```

运行结果如图 1-25 所示。

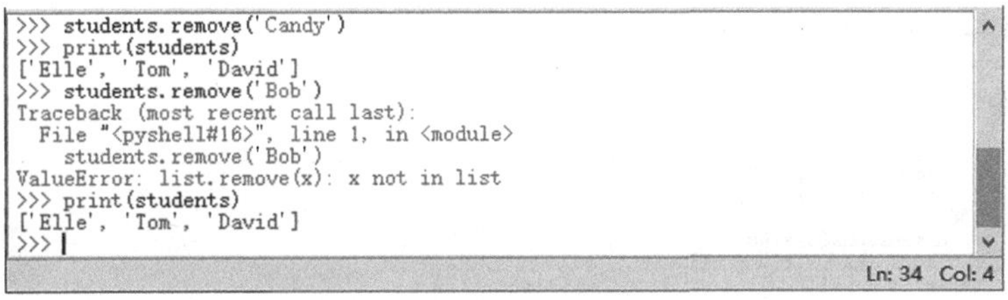

图 1-25 列表的元素删除操作

3. 列表的切片

可以通过下标的索引获得列表元素的片段。所谓切片,就是对列表的元素段进行截取,listx[m：n]的含义是截取列表 listx 中下标为 m～n−1 的所有元素,如果 m 省略则表示从 0 开始截取,如果 n 省略则表示一直截取到列表结束。

在会话中继续输入下述代码,并时刻查看结果。

```
#列表的切片
>>>print(students[0:2])
>>>print(students[:2])
>>>print(students[1:])
```

运行结果如图 1-26 所示。

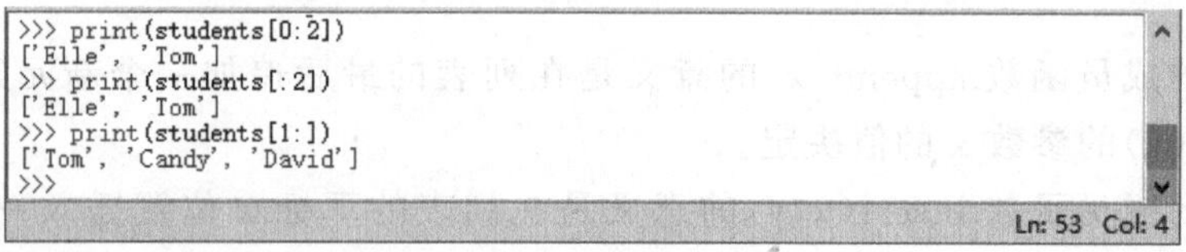

```
>>> print(students[0:2])
['Elle', 'Tom']
>>> print(students[:2])
['Elle', 'Tom']
>>> print(students[1:])
['Tom', 'Candy', 'David']
>>>
```

Ln: 53 Col: 4

图 1-26　列表的切片操作

1.4.4 元组

列表适合存储程序运行期间可能变化的数据集，其元素是可以修改的。然而，当需要定义一系列不可修改的元素时，就需要使用元组，元组用圆括号“( )”表示。Python 将不能修改的值称为不可变的，而不可变的列表被称为元组。

在会话中依次输入下述代码，并时刻查看结果。

```
#元组的基本概念
>>>dimensions=(100,30)
>>>print(dimensions)
#人们不可以修改元组的元素
>>>dimensions[0]=100
#但是可以给整个元组对象重新定义
>>>dimensions=(200,20)
>>>print(dimensions)
```

运行结果如图 1-27 所示。

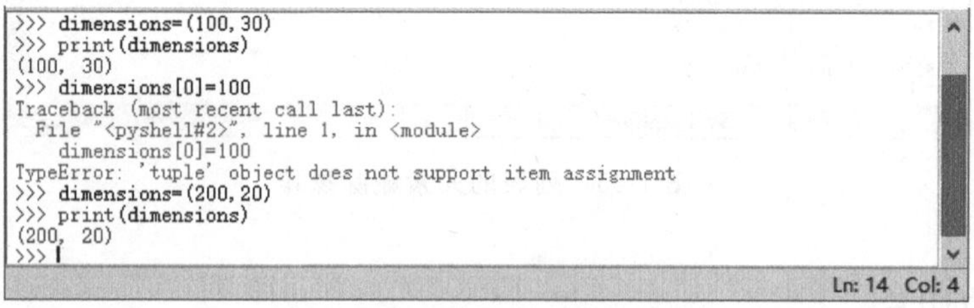

```
>>> dimensions=(100,30)
>>> print(dimensions)
(100, 30)
>>> dimensions[0]=100
Traceback (most recent call last):
  File "<pyshell#2>", line 1, in <module>
    dimensions[0]=100
TypeError: 'tuple' object does not support item assignment
>>> dimensions=(200,20)
>>> print(dimensions)
(200, 20)
>>> 
```

Ln: 14 Col: 4

图 1-27　元组的基本概念

1.4.5 字典

字典用花括号“{ }”表示，是一系列的“键-值”对，每个键都与一个值关联，可以通过键来访问相关联的值，该值可以是数字、字符串、列表甚至字典。

在会话中依次输入下述代码，并时刻查看结果。

```
#字典的基本概念
>>>alien={'ID': 'S03', 'age':18}
>>>print(alien)
```

```
>>>print(alien['ID'])
>>>mypoint=alien['age']
>>>print(mypoint)
#修改字典键-值对
>>>alien['age']=5
>>>print(alien)
```

运行结果如图1-28所示。

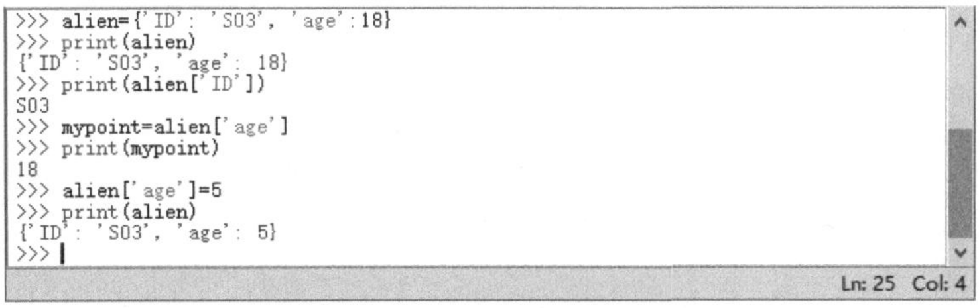

图1-28 字典的基本概念

1.5 Python 基本运算

表达式是由数字、运算符、分组符号(如逗号、括号)、变量等为表示和求解得到结果的有意义的排列组合。本节仅介绍常见的Python运算符及表达式。

1.5.1 字符串运算

运算符加号"+"在Python中可以对两个字符串进行连接,也称毗连操作。在会话中依次输入下述代码,并时刻查看结果。

```
#字符串运算
>>>string1="Hello"
>>>string2="world!"
>>>print(string1+string2)
>>>print(string1+" Python "+string2+'\n')
```

运行结果如图1-29所示。

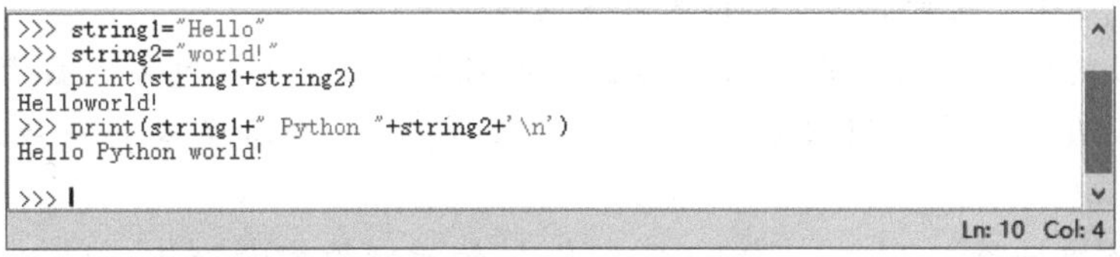

图1-29 字符串运算

1.5.2 算术运算

运算符+、-、*、/、//、%、**在 Python 中分别用于数值运算的加、减、乘、除、整除、求余、求幂。

在会话中依次输入下述代码,并时刻查看结果。

```
#算术运算
>>>2+3
>>>2-3
>>>3/2
>>>3//2
>>>3**2
>>>0.1+0.2
>>>2*0.2
>>>0.1*0.2
>>>7%2
>>>13.5%5
```

运行结果如图 1-30 所示。

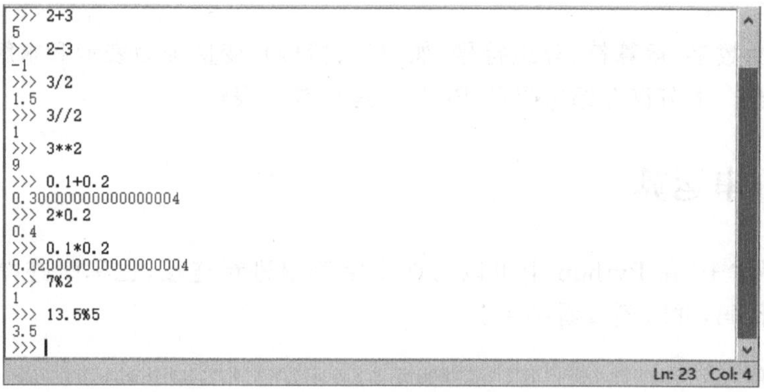

```
>>> 2+3
5
>>> 2-3
-1
>>> 3/2
1.5
>>> 3//2
1
>>> 3**2
9
>>> 0.1+0.2
0.30000000000000004
>>> 2*0.2
0.4
>>> 0.1*0.2
0.020000000000000004
>>> 7%2
1
>>> 13.5%5
3.5
>>>
```

图 1-30 算术运算

注意:

(1) Python 中的 3/2 的计算结果会是 1.5,如果想实现整除则需要使用运算符//。值得提醒大家的是,在部分其他高级程序设计语言(如 C 语言)中,3/2 会被视为整数的除操作,结果为 1,而 3.0/2 或者 3/2.0 的结果才是 1.5。

(2) 浮点数的计算结果包含小数溢出位数的原因是,计算机对浮点数存储的机制所导致的不确定性。几乎所有的语言都存在这种问题,Python 会尽量找到一种方式,以精确地表示结果。

字符串的连接运算符+并不适用于字符串与数值型数据的操作。可以使用函数 str() 实现将一个数值转换为字符串后再进行连接处理。

例如,在会话中依次输入下述代码。

```
#字符串毗连不能直接操作于两个字符型和整型数据之间
>>>age=18
>>>message="happy "+age+"rd birthday! "
#str(x)用于将数值x转换为字符串类型
>>>message="happy "+str(age)+"th birthday! "
>>>print(message)
```

运行结果如图1-31所示。

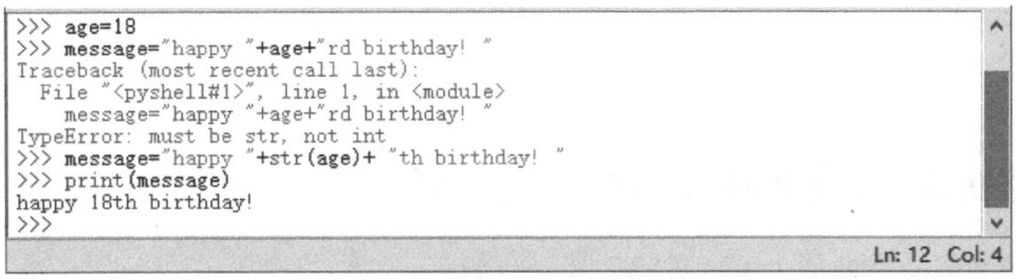

图1-31　字符串与数值的混合运算

1.5.3　比较运算

比较运算符＞、＞＝、＜、＜＝、＝＝、！＝在Python中分别用于比较等号左右两边的数值是否大于、大于或等于、小于、小于或等于、相等、不相等。表达式运算的结果是一个要么是"真"（True）要么是"假"（False）的布尔值。

在会话中依次输入下述代码，并时刻查看结果。

```
#比较运算得到的结果是True(真)或False(假)
>>>age=18
>>>age<=20
>>>age>20
>>>age>=18
>>>age>18
#注意:age等于21吗?
>>>age=21
#结果:显示不是Flase,因为=是赋值运算
>>>age
#思考:如何表达:判断age等于21吗?
>>>age==21
>>>age==18
```

运算结果如图1-32所示。

1.5.4　逻辑运算

运算符and、or是Python中的逻辑运算符，分别用于表示并且、或的逻辑运算。逻辑表达式的运算结果也是一个"真"（True）或"假"（False）的逻辑值。

图 1-32　比较运算

在会话中依次输入下述代码，并时刻查看结果。

```
#逻辑运算得到的结果也是True(真)或False(假)
>>>age1=18
>>>age2=20
>>>age1>15 and age2>21
>>>age1>15 or age2>21
>>>age2=23
>>>age1>15 and age2>21
>>>not True
```

运行结果如图 1-33 所示。

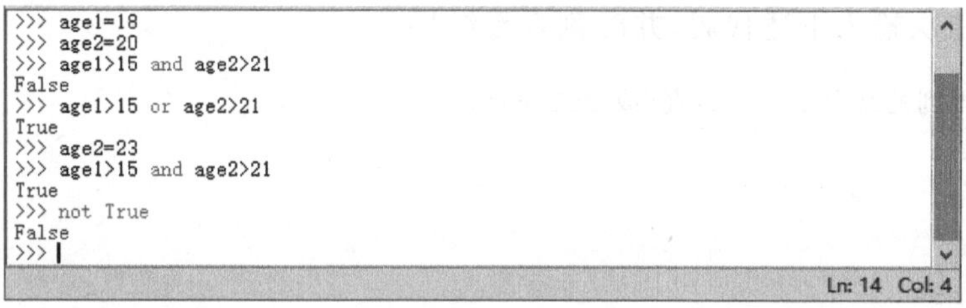

图 1-33　逻辑运算

1.5.5　列表查找运算

运算符 in、not in 在 Python 中是列表类型专用的查找运算符，分别用于表示待查找的元素在、不在列表中。列表查找表达式的运算结果也是一个"真"(True)或"假"(False)的逻辑值。

在会话中依次输入下述代码，并时刻查看结果。

```
#列表查找运算
>>>students=['Alice', 'Bob', 'Candy', 'David']
>>>'Bob' in students
>>>'Candy' not in students
>>>'David' in students
```

```
>>>'Sunny' not in students
```

运行结果如图 1-34 所示。

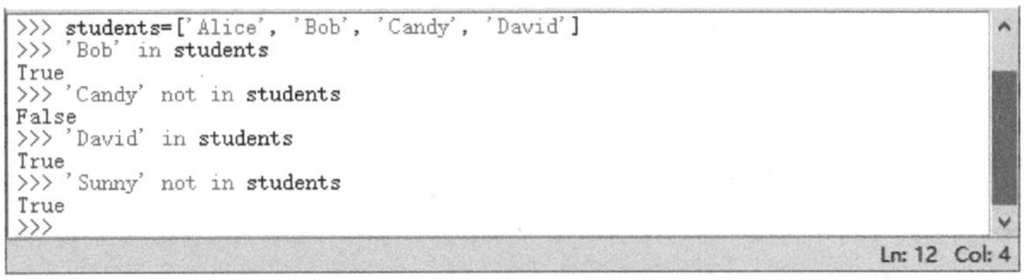

```
>>> students=['Alice', 'Bob', 'Candy', 'David']
>>> 'Bob' in students
True
>>> 'Candy' not in students
False
>>> 'David' in students
True
>>> 'Sunny' not in students
True
>>>
```

图 1-34　列表查找运算

1.5.6　列表乘法运算

列表还可以执行乘法操作，用数字 n 乘以列表可以生成一个新的列表，在新的列表中，原来的序列被重复 n 次。

在会话中继续输入下述代码，并时刻查看结果。

```
#列表的乘法
>>>list=[6]
>>>list * 3
>>>list=[1,2]
>>>list=list * 5
>>>list
```

运行结果如图 1-35 所示。

```
>>> list=[6]
>>> list*3
[6, 6, 6]
>>> list=[1,2]
>>> list=list*5
>>> list
[1, 2, 1, 2, 1, 2, 1, 2, 1, 2]
>>>
```

图 1-35　列表乘法运算

1.5.7　位运算

运算符~、&、|、^在 Python 中是位运算符，按位运算符是把数字看作二进制来进行计算的。其中：

~：按位取反运算符。对数据的每个二进制位取反，即把 1 变为 0，把 0 变为 1。

&：按位与运算符。参与运算的两个值，如果两个相应位都为 1，则该位的结果为 1，否则为 0。

|：按位或运算符。只要对应的两个二进制位有一个为 1，那么结果位就为 1。

^：按位异或运算符。当两个对应的二进制位相异时，则结果为 1。

在会话中依次输入下述代码,并时刻查看结果。

```
#位运算
>>>a = 111
>>>b = 52
>>>~a
>>>a & b
>>>a | b
>>>a ^ b
```

运行结果如图 1-36 所示。

```
>>> a = 111
>>> b = 52
>>> ~a
-112
>>> a & b
36
>>> a | b
127
>>> a ^ b
91
>>>
```

图 1-36　位运算

说明:

(1) 整型数 111 和 52 在内存的二进制表示分别是 0110 1111 和 0011 0100。

(2) ~a 计算的是对 a 的二进制各位取反得到 1001 0000,在计算机存储的角度被认为是一个带符号的二进制补码,因此它的原码是 1111 0000,表示的实际十进制数值为 -112。

(3) a & b 表示的是 0110 1111 & 0011 0100,按位与得到 0010 0100,表示的实际十进制数值为 +36。

(4) a | b 表示的是 0110 1111 | 0011 0100,按位或得到 0111 1111,表示的实际十进制数值为 +127。

(5) a ^ b 表示的是 0110 1111 ^ 0011 0100,按位异或得到 0101 1011,表示的实际十进制数值为 +91。

1.5.8　运算符的优先级

Python 中,常用的运算符的优先级从高到低如表 1-1 所示。

表 1-1　运算符的优先级

运算符	描述
**	指数(最高优先级)
~	按位取反
*、/、%、//	乘、除、取模和取整除
+、-	加法、减法
>>、<<	右移、左移

续表

运算符	描述
&	位与
^、|	位异或、位或
<=、<、>、>=	比较运算符：小于或等于、小于、大于、大于或等于
<>、==、!=	等于或不等于运算符：不等于、等于、不等于
=	赋值运算符
in、not in	成员运算符：在、不在
not、or、and	逻辑运算符：非、或、与

1.6 Python 输出格式控制

1.6.1 %格式控制

%符号用来控制输出格式化字符串，在字符串匹配成功的时候，根据%符号后的参数，对应输出相应格式的值，常见的参数控制如表 1-2 所示。

表 1-2 %格式控制符

%	控制输出格式
%s	字符串
%d	整数
%f	浮点数（默认小数点后 6 位精度）
%x	十六进制整数

在会话中依次输入下述代码，并时刻查看结果。

```
# %格式控制
>>>print("hello,%s" % "world")
>>>print("hello,%s" % "kitty")
>>>string ="Python"
>>>print("hello,%s" % string)
>>>print("hello,%s %s" % (string, "world"))
>>>print("Dec:%d\nFloat:%f\nHex:%x " % (168,168,168))
>>>print("%f--Percent:%d %%" % (0.5,50))
>>>print("%f--Percent:%%%" % (0.5,50))
>>>print("%f--Percent:%s %%" % (0.5,50))
```

%格式控制输出结果如图 1-37 所示。

```
>>> print("hello , %s" % "world")
hello , world
>>> print("hello , %s" % "kitty")
hello , kitty
>>> string = "Python"
>>> print("hello , %s" % string)
hello , Python
>>> print("hello , %s %s" % (string , "world"))
hello , Python world
>>> print("Dec:%d\nFloat:%f\nHex:%x " % (168,168,168))
Dec:168
Float:168.000000
Hex:a8
>>> print("%f -- Percent:%d %% " % (0.5,50))
0.500000 -- Percent:50 %
>>>
```

图 1-37　%格式控制输出结果

说明：

（1）代码中有多少个占位符"%?"，后面就要跟几个变量或者值，并且顺序执行，一一对应。如果只有一个%?则后面的括号可以省略。

（2）如果输出的字符串中出现需要表示百分号字符"%"，这时候就需要转义，用%%来表示输出一个%。

（3）即使不确定后面要匹配的值是什么类型，也不能将%?的控制参数省略，可以用%s来占位，通常情况下%s永远起作用，它会把任何数据类型转换为字符串。

在会话中继续输入下述代码，并时刻查看结果。

#%格式控制
>>>print("%f--Percent:%%%" %(0.5,50))
>>>print("%f--Percent:%s%%" %(0.5,50))

%s格式控制输出结果如图 1-38 所示。

```
>>> print("%f -- Percent:% %% " % (0.5,50))
Traceback (most recent call last):
  File "<pyshell#25>", line 1, in <module>
    print("%f -- Percent:% %% " % (0.5,50))
ValueError: incomplete format
>>> print("%f -- Percent:%s %% " % (0.5,50))
0.500000 -- Percent:50 %
>>>
```

图 1-38　%s格式控制输出结果

1.6.2　%宽度控制

在会话中依次输入下述代码，并时刻查看结果。

#%宽度控制
>>>print("%2s" %"Python")
>>>print("%8s" %"Python")
>>>print("%2d" %6)
>>>print("%2d" %168)
>>>print("%8d" %6)
>>>print("%-8d" %6)

```
>>>print("%8f" %6)
>>>print("%8f" %6.8)
>>>print("%8.2f" %6.8)
>>>print("%-8.2f" %6.8)
>>>print("%08.2f" %6.8)
>>>print("%-2.2f" %168.168)
>>>print("Name:%-10s Age:%-8d Height:%-8.2f" %("Alice" , 19 , 1.792))
>>>print("Name:%-10s Age:%-08d Height:%-08.2f" %("Alice" , 19 , 1.792))
```

％宽度控制输出结果如图 1-39 所示。

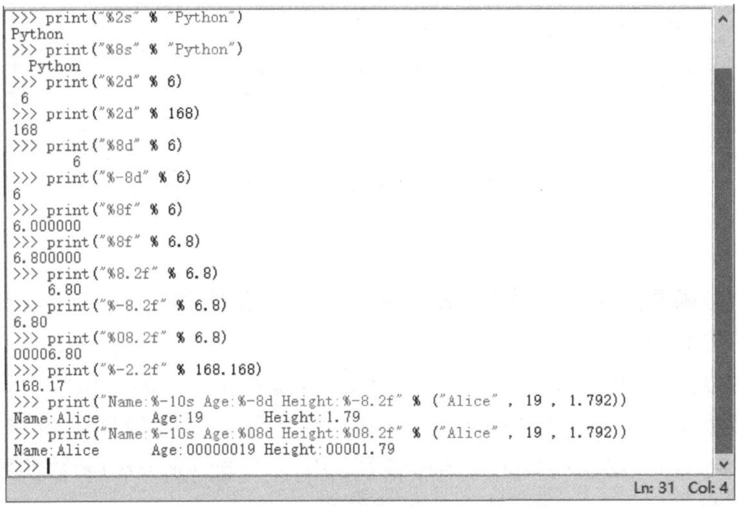

图 1-39　％宽度控制输出结果

说明：

(1) ％ms、％md、％mf 符号用来格式化字符型、整型、浮点型数据占位宽度，如果数值本身宽度超过 m 的值，则按数据宽度输出，否则按 m 宽度右对齐输出。

(2) ％-ms、％-md、％-mf 符号用来格式化字符型、整型、浮点型数据占位宽度，如果数值本身宽度超过 m 的值，则按数值宽度输出，否则按 m 宽度左对齐输出。

(3) ％m.nf 符号用来格式化浮点型数据占位宽度以及小数点保留位数，如果数值本身宽度超过 m 的值，则按数值宽度输出，否则按 m 宽度右对齐输出，其中小数点也占 1 位；如果小数点超过 n 的值，四舍五入按 n 位保留输出，否则按 n 位补 0。

(4) ％-m.nf 符号用来格式化浮点型数据按 m 位宽度和 n 位小数左对齐输出。

(5) ％xmd、％xm.nf 符号用来格式化整型数据占位宽度、浮点型数据占位宽度以及小数点位数，右对齐输出，且占位符不是默认的空格，而是指定为字符 x。

1.6.3　format 格式控制

在会话中依次输入下述代码，并时刻查看结果。

\# format 格式控制

```
>>>print("{1}{0},{1}{0}".format("否","知"))
>>>print("Name:{name} Age:{age}".format(name="Alice", age=19))
>>>name =input("please input name : ")
>>>age =int(input("please input age : "))
>>>print("Name:{x} Age:{y}".format(x=name, y=age))
```

运行结果如图 1-40 所示。

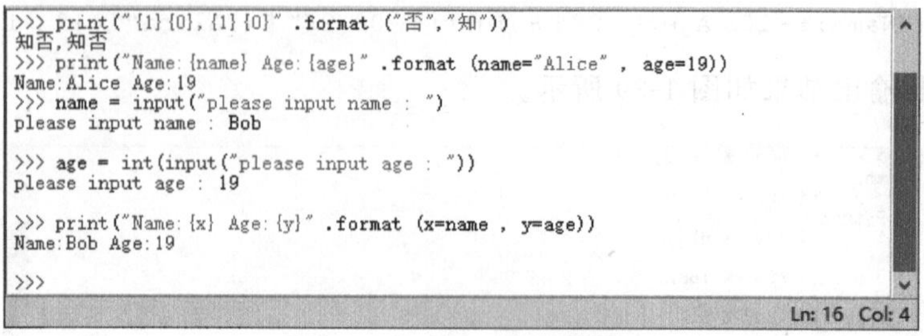

```
>>> print("{1}{0},{1}{0}".format("否","知"))
知否,知否
>>> print("Name:{name} Age:{age}".format(name="Alice", age=19))
Name:Alice Age:19
>>> name = input("please input name : ")
please input name : Bob

>>> age = int(input("please input age : "))
please input age : 19

>>> print("Name:{x} Age:{y}".format(x=name, y=age))
Name:Bob Age:19

>>>
Ln: 16 Col: 4
```

图 1-40 format 格式控制

说明：

(1) format()函数用来占位输出，参数的默认下标依次为 0,1,2,…，依据占位格式{i}匹配下标为 i 的参数值输出。

(2) 如果占位格式中匹配的不是下标而是变量，需要在 format()函数中指定参数对应的变量名和值。例如，{name}匹配"name＝"Alice""；但是不能直接用占位格式{name}匹配 format()函数参数 name，必须另外定义传递参数：用{x}匹配 format()函数参数"x＝name"。

在会话中继续输入下述代码，并查看报错结果。

```
#format 占位格式
>>>print("Name:{name} Age:{age}".format(name, age))
```

运行结果如图 1-41 所示。

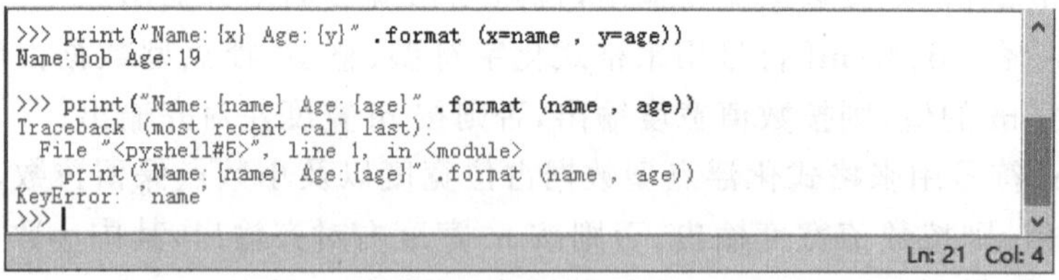

```
>>> print("Name:{x} Age:{y}".format(x=name, y=age))
Name:Bob Age:19

>>> print("Name:{name} Age:{age}".format(name, age))
Traceback (most recent call last):
  File "<pyshell#5>", line 1, in <module>
    print("Name:{name} Age:{age}".format(name, age))
KeyError: 'name'
>>>
Ln: 21 Col: 4
```

图 1-41 format 占位格式

1.7 单元实验

请按下列步骤完成本单元实验。

(1) 在 Shell 中输入以下代码，并查看结果。

```
#请查看并分析结果
```

```
>>>import datetime
>>>print(datetime.datetime.now())
>>>print("ZHANGsansan","1")
>>>print("=================")
```

(2) 在 Shell 中输入如下代码。

```
#请查看并分析结果
>>>bin(168)
>>>oct(168)
>>>hex(168)
```

查看结果,判断并理解相应 3 个函数的功能。

(3) 在 Shell 中输入如下代码。

```
#请查看并分析结果
>>>digits=[12,23,34,45,56,67,78,89,90]
>>>min(digits)
>>>max(digits)
>>>sum(digits)
```

查看结果,并且

① 判断并理解相应 3 个函数的功能。

② 查阅资料并写出求解列表中所有元素平均数的函数。

(4) 将你的姓名(拼音)存到一个变量中,并以每个拼音首字母大写的形式显示一条消息:"My name is Zhang Shan Shan."

(5) 编写 6 个表达式,分别使用加法、减法、乘法、除法、综合运算,使结果等于 6。要求:均使用 print 函数完成。

(6) 编写如下类型测试,并至少各编写一个结果为 True 和 False 的测试。

① 检查两个字符串相等。

② 检查两个字符串不等。

③ 检查两个数字相等、不等、大于、小于、大于或等于、小于或等于。

④ 包含关键字 and 和 or 的测试。

⑤ 测试特定的值是否包含在列表中。

⑥ 测试特定的值是否不包含在列表中。

(7) 定义一个变量存储你最喜欢的数字,再以消息输出的形式显示告诉别人你最喜欢的数字是多少。要求:最喜欢的数字是从键盘输入的,使用 input 函数完成。

(8) 将你所在班级的学生姓名存储在一个列表中,并命名为 student_names。

① 依次访问列表中每一个元素,并打印显示。

② 指定一个你最好的朋友,查找她/他的姓名是否在你所在班级学生姓名列表中,并打印显示结果。

③ 班级新转入一名学生"李军",将他添加进学生姓名列表内。

④ 对班级姓名列表进行永久性排序(采用方法 sort())。

第 2 章 Python 基本控制语句

程序设计中,对计算机代码执行顺序的管理就是流程控制,代码执行的控制是编程人员主要的工作,Python 的基本控制语法结构包括顺序结构、分支结构和循环结构。

顺序结构是最简单的控制结构,即按照语句的顺序依次执行。

分支结构也称选择结构,表示程序运行中会根据特定条件的具体值和判断结果来选择其中一个分支执行。常见的有单选择结构、双选择结构、多选择结构和嵌套选择结构。

循环结构表示程序运行中,会根据特定条件的具体值和判定结果选择循环重复执行某一段代码,是最能够体现计算机优势的一种结构。

2.1 顺序结构

第 1 章介绍和练习的都是顺序执行的结构,也就是按照语句的先后顺序一步步执行。顺序结构的流程图如图 2-1 所示。

2.1.1 程序文件的执行

在顺序执行的时候,由于多条语句连续在一起执行才能实现一个功能或任务,如果不关注实现过程和中间交互细节而只需要一个结果,那么就可以将多条语句封装为一个程序文件,运行程序文件来查看最终结果。可以在 Python 的 IDLE 编辑窗口(注意,是在 Python 文本编辑窗口 IDLE 中输入,而不是在 Shell 中输入,具体参考图 1-7)进行代码的编辑。

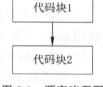

图 2-1 顺序流程图

对比图 1-13 的代码,重新在 IDLE 窗口输入,保存文件名为 variable.py,如图 2-2 所示。

```
string="hello python world!"
string
num=5
print(num)
```

运行结果如图 2-3 所示,对比图 1-13 发现,输出只有一个数字 5。

说明:

(1) 在 Python Shell 里,交互式命令会直接反馈指令结果给用户。无论是输入变量名,还是使用 print( )函数来输出变量,结果都会显示在 Shell 窗口中,两者结果是等价的。

图 2-2　变量的显示与输出

图 2-3　变量显示与输出的区别

（2）如果不是在 Shell 对话框窗口中操作，那么单纯的一个变量名是不会有任何显示操作的。也就是说，程序的运行，只有调用 print( ) 函数才能实现在显示器上输出结果。

因此，读者初学的时候都会认为 Shell 更直接、更方便。事实上，更多的时候指令不会是完全顺序执行的，当我们学习了结构语法的控制语句和缩进，借助文本编辑工具就非常方便了。

2.1.2　常见异常

初学者需要注意变量在第一次使用前一定要先赋值的规定，创建一个文件 printx.py，输入如下代码。

```
print(x)
```

执行该文件结果如图 2-4 所示。

图 2-4　变量 x 未定义的运行结果

代码 print(x) 本身语法是正确的，但是却给出语法报错。因为 x 从未被赋值过，因此被认为是未定义的，未定义的变量作为 print 函数的参数就会引发系统报错。

通过上述实例可以发现，即便 Python 程序的语法是正确的，在运行的时候也有可能发生错误，运行期检测到的错误被称为异常。大多数的异常都不会被程序处理，都以错误信息的形式反馈给用户。在实际学习中，会出现很多个性化的错误，系统会给出一些反馈，读者要学会查看和分析这些反馈信息。

在 Shell 会话中依次输入下述代码，并时刻查看结果。

```
#异常处理
>>>print("world")
>>>print(world)
```

```
>>>10 * (1/0)
>>>'2' +2
```

运行结果如图 2-5 所示。

```
>>> print("world")
world
>>> print(world)
Traceback (most recent call last):
  File "<pyshell#1>", line 1, in <module>
    print(world)
NameError: name 'world' is not defined
>>> 10 * (1/0)
Traceback (most recent call last):
  File "<pyshell#2>", line 1, in <module>
    10 * (1/0)
ZeroDivisionError: division by zero
>>> '2' + 2
Traceback (most recent call last):
  File "<pyshell#3>", line 1, in <module>
    '2' + 2
TypeError: must be str, not int
>>>
```

图 2-5 系统运行中的异常

说明：

（1）NameError：name 'world' is not defined：标识名错误，变量名 world 没有被定义。

（2）ZeroDivisionError：division by zero：除 0 错误，表达式运算不能除 0。

（3）TypeError：must be str，not int：类型错误，必须为字符串 str 类型，不能是整型 int。因为运算符＋既可以作为数值类型整数或浮点数的加法运算，又可以作为字符串类型毗连的连接运算，当＋左边首先出现的是字符串'2'，此时＋被识别为一个字符串毗连运算符，而不是算数运算加法运算符，右边出现的 2 是整型，因此类型不匹配，产生类型错误。

Python 常见的异常如表 2-1 所示。

表 2-1 Python 常见异常

错 误 类 型	异　　常
AttributeError	对象没有这个属性
IOError	输入输出操作失败
IndexError	序列中没有此索引(index)
KeyError	映射中没有这个键
NameError	未声明/初始化对象(没有属性)
SyntaxError	Python 语法错误
TypeError	类型无效的操作
ValueError	传入无效的参数
ZeroDivisionError	除(或取模)零(所有数据类型)
IndentationError	缩进错误
ImportError	导入模块/对象失败

2.1.3 异常处理

1. try…except…

创建一个文件 try_1.py，输入如下语句。

```
print("========start========")
x =int(input("Please enter a number: "))
print("number:",x)
print("ok!")
print("========end========")
```

分别输入字符 y 和数值 6，两次运行的结果如图 2-6 所示。

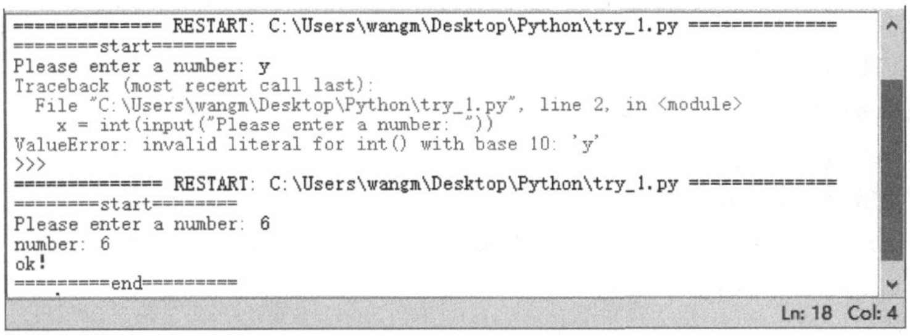
```
============== RESTART: C:\Users\wangm\Desktop\Python\try_1.py ==============
========start========
Please enter a number: y
Traceback (most recent call last):
  File "C:\Users\wangm\Desktop\Python\try_1.py", line 2, in <module>
    x = int(input("Please enter a number: "))
ValueError: invalid literal for int() with base 10: 'y'
>>>
============== RESTART: C:\Users\wangm\Desktop\Python\try_1.py ==============
========start========
Please enter a number: 6
number: 6
ok!
=========end=========
```


图 2-6　不含异常处理的结果

如果程序不含异常处理，一旦遇到异常就会直接终止程序执行。try 语句的功能就是捕获异常，并根据 except 分支提供不同异常情况下的处理方案。

try…except…按照如下方式工作。

(1) 首先，执行 try 子句(在关键字 try 和关键字 except 之间的语句)。

(2) 如果没有异常发生，则忽略 except 子句，try 子句执行后结束。如果在执行 try 子句的过程中发生了异常，那么 try 子句余下的部分将被忽略，跳转到 except 之后的类型参数进行判断，如果异常的类型和 except 之后的参数名称相符，那么对应的 except 子句将被执行。

(3) 最后执行 try…except…语句之后的代码。

增加异常处理 try，修改上述代码并保存为文件 try_2.py，具体代码如下。

```
print("========start========")
try:
    x =int(input("Please enter a number: "))
    print("number:",x)
    print("ok!")
except ValueError:
    print("Valid number,try again!")
print("========end========")
```

分别输入字符 y 和数值 6，两次运行的结果如图 2-7 所示。

```
============== RESTART: C:\Users\wangm\Desktop\Python\try_2.py ==============
========start========
Please enter a number: y
Valid number,try again!
=========end=========
>>>
============== RESTART: C:\Users\wangm\Desktop\Python\try_2.py ==============
========start========
Please enter a number: 6
number: 6
ok!
=========end=========
```
Ln: 16 Col: 4

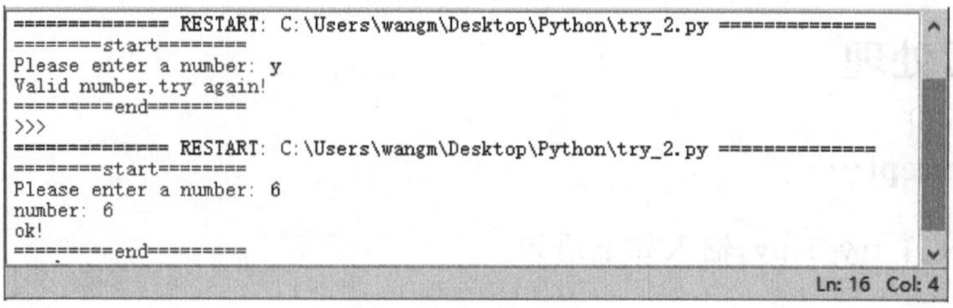

图 2-7　含异常处理的结果

查看多分支异常处理 except,修改上述代码并保存为文件 try_3.py,具体代码如下。

```
print("========start========")
try:
    x =int(input("Please enter a number: "))
    print("number:",x)
    print(100/x)
    print("ok!")
except ValueError:
    print("Valid number!")
except ZeroDivisionError:
    print("Zero Error!")
except :
    print("Unknown Error!")
print("=========end=========")
```

分别输入字符 y、数值 0 和数值 6,3 次运行的结果如图 2-8 所示。

```
============== RESTART: C:\Users\wangm\Desktop\Python\try_3.py ==============
========start========
Please enter a number: y
Valid number!
=========end=========
>>>
============== RESTART: C:\Users\wangm\Desktop\Python\try_3.py ==============
========start========
Please enter a number: 0
number: 0
Zero Error!
=========end=========
>>>
============== RESTART: C:\Users\wangm\Desktop\Python\try_3.py ==============
========start========
Please enter a number: 6
number: 6
16.666666666666668
ok!
=========end=========
>>>
```
Ln: 24 Col: 4

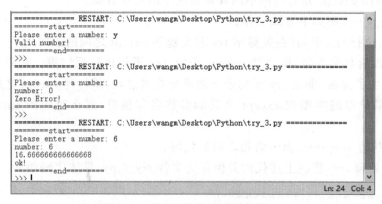

图 2-8　含多分支异常处理的结果

查看多参数异常处理 except,修改上述代码并保存为文件 try_4.py,具体代码如下。

```
print("========start========")
try:
    x =int(input("Please enter a number: "))
    print("number:",x)
    print(100/x)
```

```
        print("ok!")
except (ValueError,ZeroDivisionError):
        print("Valid number or Zero error!")
except :
        print("Unknown Error!")
print("========end========")
```

分别输入字符 y、数值 0 和数值 6,3 次运行的结果如图 2-9 所示。

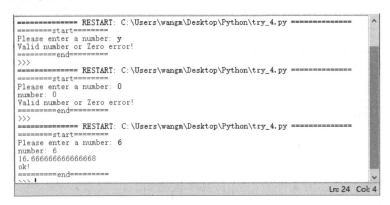

图 2-9　含多参数异常处理的结果

说明：

(1) 一个 try 语句可能包含多个 except 子句,分别来处理不同的特定的异常,但是最多只有一个分支会被执行,其中最后一个 except 子句可以忽略异常的名称,它将被当作通配符使用。

(2) 处理程序将只针对对应的 try 子句中的异常进行处理,而不是其他 try 子句的处理程序中的异常。

(3) 一个 except 子句可以同时处理多个异常,这些异常将被放在一个括号里成为一个元组。

(4) 如果一个异常没有与任何的 except 匹配,那么这个异常将会传递给上层的 try 中。

2. try…finally…

修改上述代码并保存为文件 try_5.py,具体代码如下：

```
print("========start========")
try:
        x = int(input("Please enter a number: "))
        print("number:",x)
        print(100/x)
        print("ok!")
except (ValueError,ZeroDivisionError):
        print("Valid number or Zero error!")
finally :
        print("Goodbye!")
```

```
print("=========end=========")
```

分别输入字符 y、数值 0 和数值 6,3 次运行的结果如图 2-10 所示。

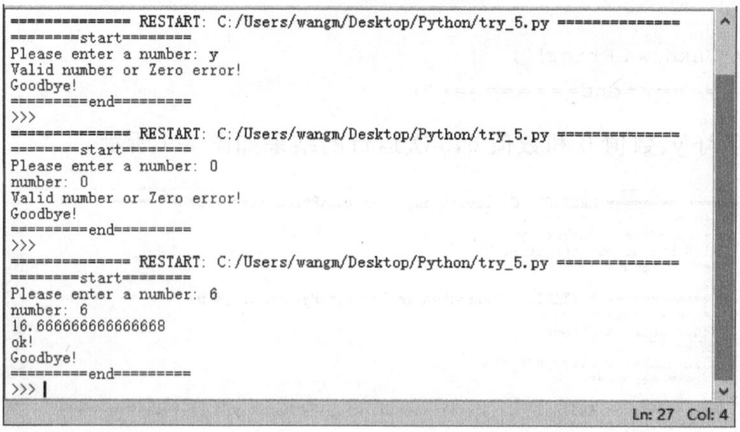

```
============ RESTART: C:/Users/wangm/Desktop/Python/try_5.py ============
========start========
Please enter a number: y
Valid number or Zero error!
Goodbye!
=========end=========
>>> 
============ RESTART: C:/Users/wangm/Desktop/Python/try_5.py ============
========start========
Please enter a number: 0
number: 0
Valid number or Zero error!
Goodbye!
=========end=========
>>> 
============ RESTART: C:/Users/wangm/Desktop/Python/try_5.py ============
========start========
Please enter a number: 6
number: 6
16.666666666666668
ok!
Goodbye!
=========end=========
>>> 
```

图 2-10 try…except…finally 执行的结果

修改上述代码并保存为文件 try_6.py,具体代码如下。

```
print("========start========")
try:
    x = int(input("Please enter a number: "))
    print("number:",x)
    print(100/x)
    print("ok!")
finally:
    print("Goodbye!")
print("=========end=========")
```

分别输入字符 y、数值 0 和数值 6,3 次运行的结果如图 2-11 所示。

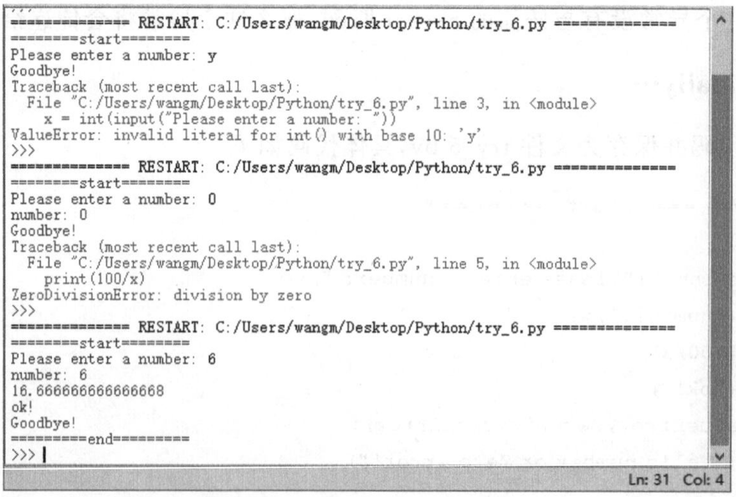

```
============ RESTART: C:/Users/wangm/Desktop/Python/try_6.py ============
========start========
Please enter a number: y
Goodbye!
Traceback (most recent call last):
  File "C:/Users/wangm/Desktop/Python/try_6.py", line 3, in <module>
    x = int(input("Please enter a number: "))
ValueError: invalid literal for int() with base 10: 'y'
>>> 
============ RESTART: C:/Users/wangm/Desktop/Python/try_6.py ============
========start========
Please enter a number: 0
number: 0
Goodbye!
Traceback (most recent call last):
  File "C:/Users/wangm/Desktop/Python/try_6.py", line 5, in <module>
    print(100/x)
ZeroDivisionError: division by zero
>>> 
============ RESTART: C:/Users/wangm/Desktop/Python/try_6.py ============
========start========
Please enter a number: 6
number: 6
16.666666666666668
ok!
Goodbye!
=========end=========
>>> 
```

图 2-11 try…finally 执行的结果

说明:

(1) try…except…finally…语句表示:try 分支无论是否遇到异常,或者遇到什么异常,最终都会执行 finally 分支。

(2) 如果不需要给出明确的异常处理,可以省略 except 分支,此时 finally 语句依然会被执行,异常错误也依然会系统报错。

(3) try、except 和 finally 的子句分支,都必须有缩进,这部分内容将在 2.2 节中详细介绍。

2.2 分 支 结 构

2.2.1 单分支结构

单分支结构是由条件语句和执行块构成,其流程图如图 2-12 所示。

测试条件是一个值可能为 True 或 False 的表达式。如果条件为 True 时就执行 if 分支代码块,否则什么也不执行。单分支结构使用简单 if 语句,一般形式为

```
if conditional_test:
    do something
```

【例 2-1】 如果一个人的考试成绩大于或等于 60 分,即表示及格。如果希望知道某一个人的成绩是否及格,可以定义一个表示成绩的变量。

创建一个文件 if.py,输入如下语句。

```
score=88
if score>=60:
    print("congratulation!")
```

图 2-12 简单 if 流程图

程序如图 2-13 所示。注意,这里的 print 函数前面需要有一定的空格表示缩进,后面将详述缩进的重要性。

图 2-13 简单的 if 分支

运行结果如图 2-14 所示。

图 2-14 简单的 if 分支的运行结果

【例2-2】 从键盘接收一个数值,如果接收的是0,则输出"zero!"。
可以创建一个文件if_zero.py,输入如下语句。

```
n=input("Please input a number:")
n=int(n) #int()函数:强制转换string类型为int类型
if n=0:
    print("zero!")
```

注意:
(1) input()函数从键盘接收的数据类型默认是字符串类型,当需要把对象作为数值进行处理时,需要使用int()函数强制将字符串类型转换为数值类型。
(2) 如果人们从键盘输入0,期望的结果应该如图2-15所示,因为根据条件判断,输入为0,执行循环分支,输出"zero!"。

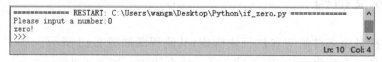

图2-15 if_zero的期望运行结果

但实际的运行结果却如图2-16所示。

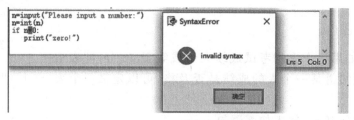

图2-16 例2-2代码的实际运行结果

系统没有按照人们期望的结果输出,并且报错,提示语法有错。仔细检查会发现,根据简单if语句形式定义,这里的conditional_test应该是一个值为bool类型的表达式。但是,=是一个赋值运算符,这里实际执行的语句是:整型数值0赋值给了变量n,因此系统报错。正确的判断是否相等的运算符应该是用==,修改后的代码如图2-17所示。

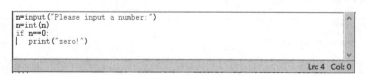

图2-17 if_zero正确的代码

运行结果如图2-15所示。

2.2.2 双分支结构

通常,人们对分支的要求是满足测试条件的时候执行一个操作,而不满足的时候执行另一个操作,这时就要执行双分支结构,需要使用到 if…else…语句,如图 2-18 所示。

双分支结构分为 3 个部分:条件、if 代码块和 else 代码块。条件同样是一个值,可能为 True 或 False 的表达式;如果条件为 True,就执行 if 分支代码块;如果条件为 False,则执行 else 分支代码块。代码块由一条或者多条语句构成。条件语句执行完后,继续执行紧跟其后的代码,即代码块 2。

if…else 语句一般形式为

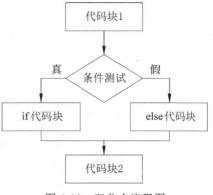

图 2-18 双分支流程图

```
if conditional_test:
    do something
else:
    do something else
```

【例 2-3】 如果输入 score 大于或等于 60,那么输出"congratulation!"表示及格,否则输出"sorry!"表示不及格。

创建文件 ifelse.py,输入如下语句。

```
score=input("Please input the score of Alice:")
score=int(score)

if score>=60:
    print("congratulation!")
else:
    print("sorry!")
print('END')
```

输入 88 后,运行结果如图 2-19 所示。

```
============= RESTART: C:\Users\wangm\Desktop\Python\ifelse.py =============
Please input the score of Alice:88
congratulation!
END
>>>
```

图 2-19 分支结构的运行结果

图 2-19 的结果已经展示了 Python 语言的一个很重要的元素——缩进。缩进是如上面代码中在两个 print 语句之前添加空格,相对于 if 和 else 语句向右移动了几个字符。

一般支持 Python 编译的编辑器(IDLE、Geany 等),当识别到这是 Python 程序语言的时候,一旦输入冒号":"并按回车键时,编辑器会自动加上缩进。在逻辑行开头的前导空白(空白或者制表符)用于确定逻辑行的缩进级别,同时也决定了语句的分组,意味着同一层次的语句必须有相同的缩进,每一组这样的语句称为一个代码块。也就是说,开始缩进表示块的开始,取消缩进表示块的结束,代表一个完整的分支。

修改代码,使最后两句 print('sorry')和 print('END')具有同样的缩进。

```
score=input("Please input the score of Alice:")
```

```
score=int(score)

if score>=60:
    print("congratulation!")
else:
    print("sorry!")
    print('END')
```

运行程序,输入 88,程序的运行结果如图 2-20 所示。

```
============ RESTART: C:\Users\wangm\Desktop\Python\ifelse.py ============
Please input the score of Alice:88
congratulation!
>>>
```

图 2-20　缩进的运行结果

由于 print('sorry')和 print('END')具有同样的缩进,代表它们作为一个代码块均属于 else 分支,因此当 if 条件判断进入 if 分支的时候,所有 else 分支的内容都不再执行,因此与前一段代码执行结果相比,少输出一条结果'END'。

2.2.3　多分支结构

if 语句中还可以有多个分支,也就是可以包含多个条件,从而构成两个以上的多分支结构,如图 2-21 所示。

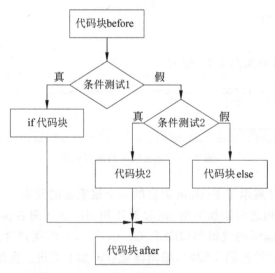

图 2-21　分支嵌套结构

条件语句的多分支结构通过 if…elif…else 语句实现,一般形式为

```
if conditional_test1:
    do something1
elif conditional_test2:
```

```
    do something2
        ...
else:
    do something else
```

【例 2-4】 输入成绩 score,并给出对应的等级,等级划分依据如下。

score≥80:　　　等级 A
70≤score<80:　　等级 B
60≤score<70:　　等级 C
Score<60:　　　等级 D

创建文件 ifelif.py,输入如下语句。

```
score=input("Please input the score of Alice:")
score=int(score)

if score>=80:
    print("A!")
elif score>=70:
      print("B!")
elif score>=60:
      print("C!")
else:
    print("D!")
```

运行程序,分别输入 88、77、66、55,查看每次运行的结果,如图 2-22 所示。

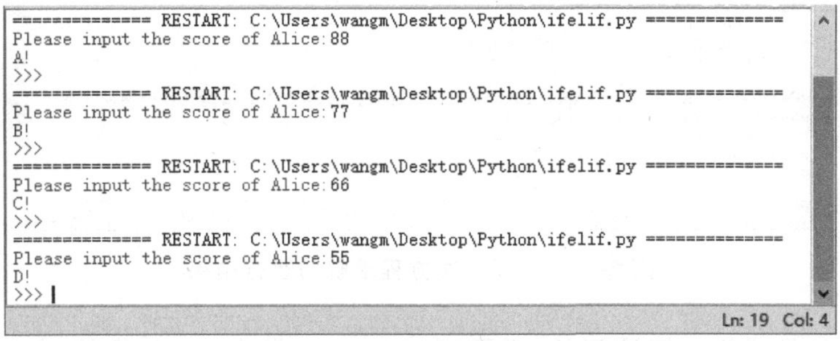

图 2-22 多分支程序的运行结果

说明:

(1) 多分支结构的关键词语句 if、elif、else 的缩进必须保持一致。

(2) 多分支结构中不同分支的代码块之间的缩进如果不一致,从语法的角度是允许的,但是从美观的角度是不好看的。

【例 2-5】 求一元二次方程 $ax^2+bx+c=0$ 的根,系数 $a(a\neq 0)$、b、c 由键盘输入。

创建文件 equation.py,输入如下语句。

```
#equation sloving ax2+bx+c=0
import math
```

```
a = int(input("please input the coefficient a :"))
b = int(input("please input the coefficient b :"))
c = int(input("please input the coefficient c :"))

delta = b * b - 4 * a * c

if delta == 0 :
    print("The equation has two identical real roots:")
    print("x1 = x2 =",-b/(2 * a))
elif delta > 0 :
    delta = math.sqrt(delta);
    x1 = (-b+delta)/(2 * a)
    x2 = (-b-delta)/(2 * a)
    print("The equation has two different real roots:")
    print("x1 =",x1,"x2 =",x2)
else :
    print("The equation don't have real root.")
```

运行结果如图 2-23 所示。

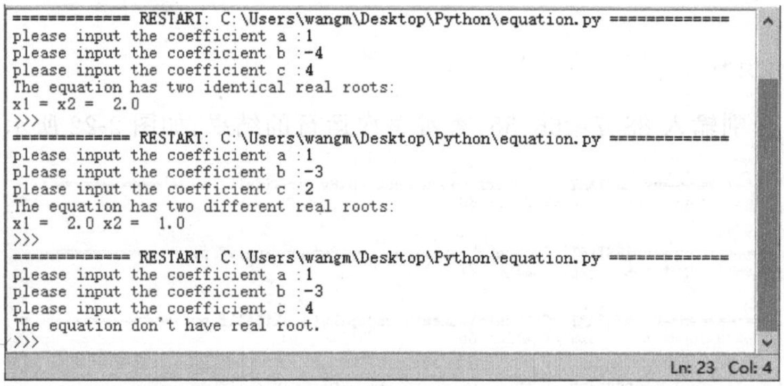

图 2-23 一元二次方程求解的运行结果

说明：sqrt()是不能直接访问的，需要通过 import 导入 math 模块，关于模块将在第 4 章介绍。

2.2.4 分支的嵌套

分支结构是可以进行嵌套的，根据不同的嵌套，需要有不同的缩进，处于同一分支模块下的代码，必须有相同的缩进。

【例 2-6】 输入 3 个各不相等的数 a、b、c，试比较 3 个数的大小。

这对人脑的思考来说并不难，按如图 2-24 所示的分支结构，可以比较出 3 个数的大小。

对于计算机实现来说，通过 if…else…分支结构，可以实现上述逻辑判断。创建文件 compare.py，输入如下语句。

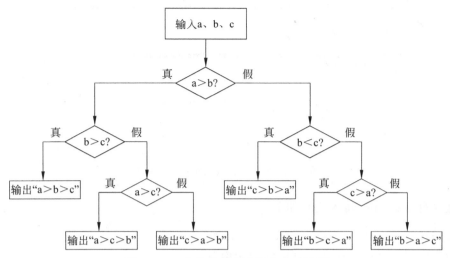

图 2-24　3 个数比较大小的分支结构图

```
a = int(input("please input number a : "))
b = int(input("please input number b : "))
c = int(input("please input number c : "))

if a>b :
    if b>c :
        print("a >b >c")
    else:
        if a>c :
            print("a >c >b")
        else:
            print("c >a >b")
else:
    if b<c :
        print("c >b >a")
    else :
        if c>a :
            print("b >c >a")
        else :
            print("b >a >c")
```

运行如图 2-25 所示。

【例 2-7】　系统管理员如果想要登录系统,需要经过检验匹配。具体方法是:首先判断输入的用户名和密码是否为空格,如果不为空格,再进行匹配验证;否则,要求用户重新输入用户名和密码。

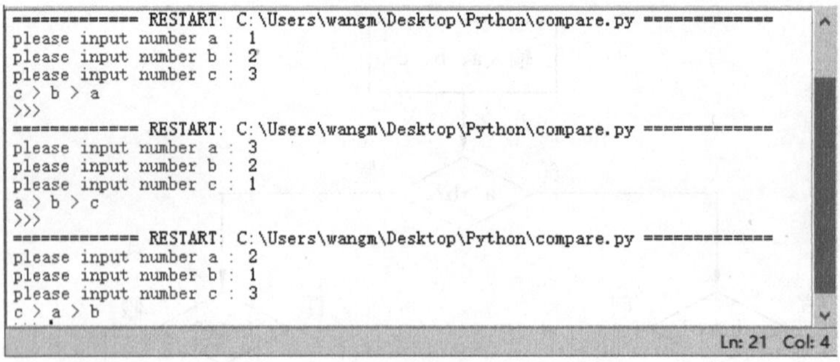

图 2-25 3 个数比较大小的运行结果

创建文件 login.py，输入代码如下。

```python
username=input("please input username:")
password=input("please input password:")

if username !='' and password !='':
    if username =="admin" and password=="12345" :
        print ("Sucess!")
    else:
        print ("failure!")
else:
    print("please input username and password")
```

运行结果如图 2-26 所示。

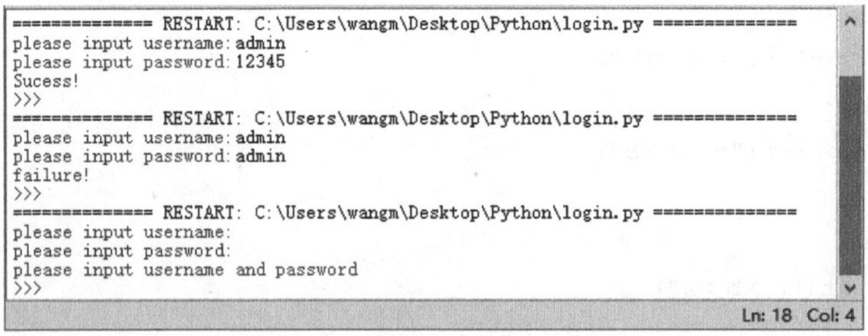

图 2-26 登录 login 的运行结果

说明：
（1）分支的嵌套可以是单分支、双分支、多分支的组合嵌套。
（2）结合字典的使用，可以对多用户登录名和登录密码进行管理。

2.3 循环结构

常见的循环结构有"当"型循环和"直到"型循环。循环结构充分体现了计算机的优势，同时减少了程序代码重复书写的工作量。

2.3.1　while 循环

while 语句是一种常见的循环语句,如图 2-27 所示。
while 循环的一般形式为

```
while conditional_test:
    do something
```

和 if 语句语法一样,conditional_test 后有一个冒号,循环体执行的代码块 do something 要使用缩进。while 的功能为:当条件成立时,执行循环体;然后再次检测条件,如果还成立,再次执行循环体……直到条件不再成立时跳出循环,转去执行后面的代码块 2。

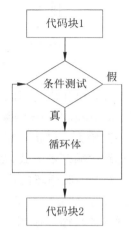

图 2-27　循环结构流程图

【例 2-8】　输出 10 行字符串"Hello Python World!"。
如果想输出 10 行相同的字符串,那么根据代码的顺序执行可以输出 10 行"Hello Python World!",代码如下。

```
print("Hello Python World!")
print("Hello Python World!")
print("Hello Python World!")
print("Hello Python World!")
print("Hello Python World!")
print("Hello Python World!")
print("Hello Python World!")
print("Hello Python World!")
print("Hello Python World!")
print("Hello Python World!")
```

这里被重复执行的语句显然是 print(),对于重复执行的语句,可以将其放入 while 循环的循环体内来实现。为了能够有效地控制 10 次重复执行,可以通过定义一个变量 count 来实现,第一次执行循环体时 count 为 1,每执行一次循环体 count 加 1,当 count 大于 10 的时候就表示已经重复执行了 10 次循环体,这时结束循环。

用 while 循环实现输出 10 行"Hello Python World!",代码如下。

```
count =1
while count <=10:
    print("Hello Python World!")
    count =count +1
```

和顺序结构重复语句冗余相比,while 循环语句不仅简洁,也更灵活。运行结果如图 2-28 所示。
说明:
(1) 循环体 do something 作为重复执行的代码块,如果由多条语句组成,那么需要具有相同的缩进。

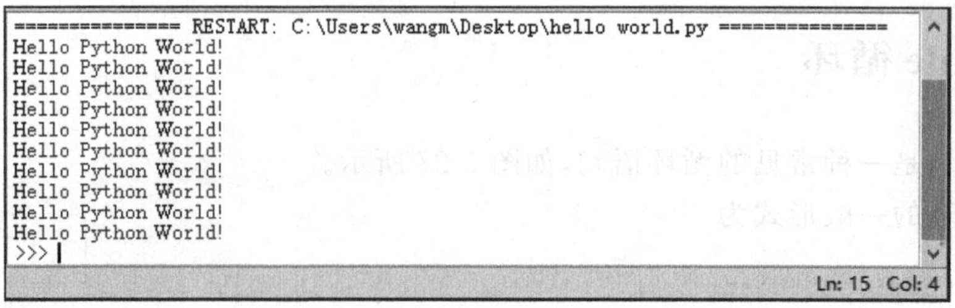

```
========== RESTART: C:\Users\wangm\Desktop\hello world.py ==========
Hello Python World!
Hello Python World!
Hello Python World!
Hello Python World!
Hello Python World!
Hello Python World!
Hello Python World!
Hello Python World!
Hello Python World!
Hello Python World!
>>>
```

图 2-28　重复输出的运行结果

（2）和 if 语句不同的是，do something 的代码块中"原则上"要有可以改变循环判定条件 conditional_test 结果的执行语句，否则，要么判定条件一开始就为"假"不执行循环体，要么一开始为"真"执行循环体后进入死循环。之所以强调原则上，而不是绝对，就是因为还有其他跳出循环的方式，如 2.3.4 节将要介绍的 break。

（3）一般循环的次数可以通过循环控制变量来实现控制，如上述代码中的计数变量 count。大部分情况下，初学者需要特别关注：循环控制变量的初值（count＝0，为进入循环体做准备）、循环控制变量在循环体内的变化（count＝count＋1，为结束循环跳出循环做准备）。

【例 2-9】 从键盘接收一个数字 n，输出 n 行"Hello Python World!"。

当需要输出 n 行，修改文件 hello world.py 代码如下。

```
n = int(input("please input a number for line:"))
count = 1
while count <= n:
    print("Hello Python World!")
    count = count + 1
```

运行结果如图 2-29 所示。

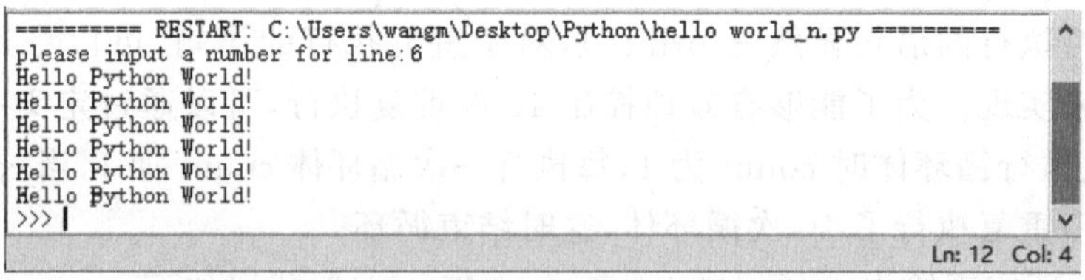

```
========== RESTART: C:\Users\wangm\Desktop\Python\hello world_n.py ==========
please input a number for line:6
Hello Python World!
Hello Python World!
Hello Python World!
Hello Python World!
Hello Python World!
Hello Python World!
>>>
```

图 2-29　重复输出 6 行字符串的运行结果

【例 2-10】 用 while 循环实现 1＋…＋100 累加求和。

累加求和的代码如下。

```
count = 1
sum = 0
while count <= 100:
    sum = sum + count
    count = count + 1
print("1+2+…+100 =", sum)
```

运行结果如图 2-30 所示。

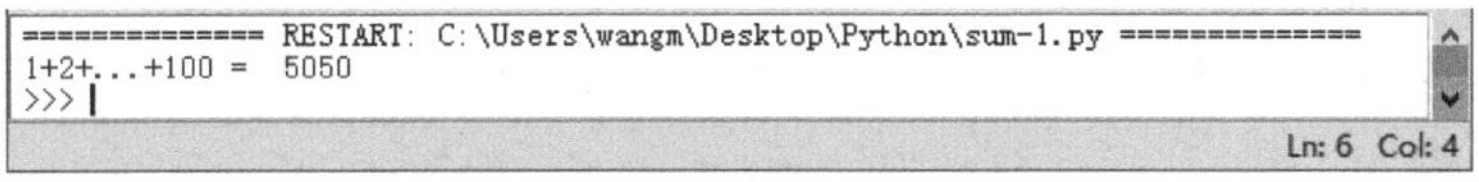

图 2-30 累加求和的运行结果

说明:

(1) 语句 print("1＋2＋…＋100 ＝ ",sum)作为流程图 2-27 中的代码块 2,不允许和循环体保持一样的缩进,但是必须和代码块 1(由 count ＝ 1 和 sum ＝ 0 两条语句构成)及 while 语句保持相同的缩进。

(2) 循环控制变量除了用于控制循环次数外,还可以参与循环体内的其他语句执行。

2.3.2 for 循环

Python 语言的 for 语句也是用于实现循环结构的,可以作为遍历型循环,即逐个引用指定序列中的每个元素,引用一个元素便执行一次循环体,当遍历了序列中的所有元素之后则终止循环。序列可以是列表、字符串、元组、字典等容器类数据类型,这里主要介绍列表类型。

for 语句的一般形式为

```
for variable in list:
    do something
```

1. 列表遍历

【例 2-11】 打印列表中的每一个元素。

用 for 语句实现的代码如下,运行程序,查看运行结果。

```
for i in [1,2,3,4]:
  print(i)
```

运行结果如图 2-31 所示。

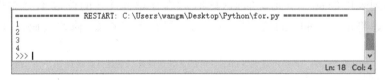

图 2-31 for 循环的运行结果 1

产生 for 语句中序列类型对象 list 的一种常用的方法是使用 Python 内置函数 range (start , end),该函数返回一个从其"第一个参数 start"开始到"最后一个参数 end－1"的整数序列(如果第一个参数被省略,则默认为 0)。例如,range(3) ＝ range(0,3) ＝(0 , 1 , 2)。

修改代码并运行程序,查看运行结果。

```
x = 4
print(list(range(1,(x+1))))
for i in range(1,(x+1)):
    print(i)
```

运行结果如图 2-32 所示。

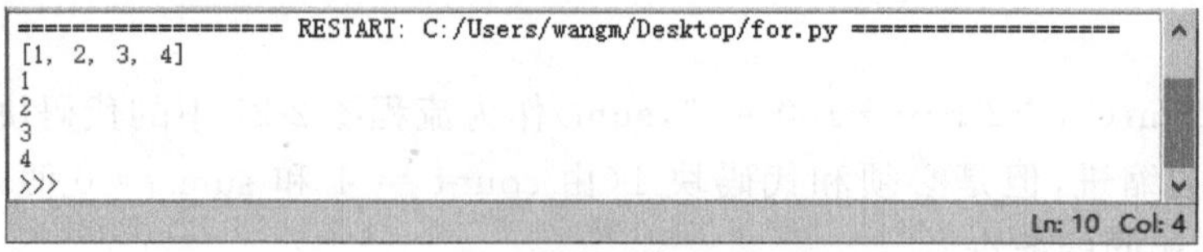

图 2-32　for 循环的运行结果 2

说明：

(1) list() 函数的功能是将 range 函数生成的序列转化为列表类型。

(2) range(start,end) 函数的参数实现生成 start ~ end－1 的序列，而不是 start ~ end 的序列。

【**例 2-12**】　把列表中的每一个元素加 1。

用 for 语句实现的参考代码如下。

```
a = [1,2,3,4]
for i in a:
    i = i +1

print(a)
```

运行结果如图 2-33 所示。

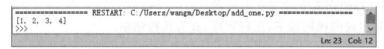

图 2-33　列表元素自增 1 错误的运行结果

显然，上述代码并没有实现使列表元素自增 1 的效果。因为，for 循环结构的循环变量 i 依次取的只是列表中的每一个元素的值，此时对内存单元中 i 的修改不会对列表元素产生影响。可以考虑将增 1 后的 i 的值用另一个列表保存下来查看，修改代码并运行程序，查看运行结果。

```
a = [1,2,3,4]
result = list()
for i in a:
    result.append(i+1)
print(result)
```

运行结果如图 2-34 所示。

```
================ RESTART: C:/Users/wangm/Desktop/add_one.py ================
[2, 3, 4, 5]
>>>
```

图 2-34 列表元素自增 1 的运行结果

说明：
(1) 无参数的 list() 函数的功能是建立一个空的列表，即此时变量 result 是列表类型。
(2) 列表的成员函数 append() 通常用于往列表中增加元素。

上述方法虽然直观，但是从代码量来看是冗余的。如果使用列表推导公式，可以进一步简化。修改代码并运行程序，查看运行结果，仍如图 2-34 所示。

```
a = [1,2,3,4]
result = [(i+1) for i in a]
print(result)
```

如果考虑内存空间的冗余，上述还可以通过在不新增存储空间的情况下实现源列表的元素自增 1，修改代码并运行程序，查看运行结果，仍如图 2-34 所示。

```
a = [1,2,3,4]
for i in range(len(a)):
    a[i] = a[i]+1
print(a)
```

说明：
(1) 结合 range() 和 len() 依次获取列表下标，实现列表元素的依次读取。
(2) 列表元素的获取是"列表名[下标]"的方式，此时指向内存单元中列表元素的实际存储地址。

类似多变的代码风格是 Python 的特色之一，读者在学习中可以总结积累经验，不断优化代码。

【例 2-13】 给定列表[1,2,3,4]和['a','b','c','d']。通过 zip 并行处理，运行程序，查看运行结果。

通过 zip 并行处理列表的代码如下。

```
L1 = [1,2,3,4]
L2 = ['a','b','c','d']

#zip 可以并行处理列表 L1 和 L2
L3 = zip (L1,L2)
print("1:",L3)                    #返回的是一个对象
print("2:",list(L3))
print("3:",list(L3))              #zip 调用返回结果只能使用 1 次

L3 = zip (L1,L2)
print("4: ",end="")
for x,y in L3:
    print("(",x,",",y,")",end="  ")
```

第 2 章 Python 基本控制语句

运行结果如图 2-35 所示。

```
================ RESTART: C:\Users\wangm\Desktop\Python\zip.py ================
1: <zip object at 0x03D259B8>
2: [(1, 'a'), (2, 'b'), (3, 'c'), (4, 'd')]
3: []
4: ( 1 , a )  ( 2 , b )  ( 3 , c )  ( 4 , d )
>>>
```

图 2-35 zip 并行处理列表的运行结果

2. for 循环累加

【例 2-14】 实现 1～100 的累加求和。

使用 for 语句实现的代码如下(注意 range 中的参数定义)。

```
sum = 0

for count in range(1,101):
    sum = sum + count
print("sum=",sum)
```

说明：

(1) 由于循环控制变量 count 是在 range(1,101)生成的序列中遍历,因此它的取值依次为序列中的(1,2,…,100),即使在循环体内使用 count＝count＋1 语句,也起不到任何效果。

(2) 和 while 循环的语法一样,代码块 1、for 语句、代码块 2 应该保持一致的缩进,而循环体内的代码块也应保持一致的缩进。

事实上,通过 range 生成序列列表的 for 语句的标准语法为

```
for variable in range(START,END,STEP):
    do something
```

其中,START 表示起始值(默认为 0),END 表示终止值,STEP 表示步长。循环变量依次取从 START 开始,间隔 STEP,直到 END－1 终止的数值,并执行循环体。

修改上述例题要求,求 1～100 中的所有偶数的和,代码如下。

```
sum_even = 0

for count in range(1,101,1) :
    if count%2 ==0:
        sum_even = sum_even + count
print("sum_even =",sum_even)
```

而更适合的代码可以修改为如下形式。

```
sum_even = 0

for count in range(2,101,2) :
    sum_even = sum_even + count
```

```
print("sum_even =",sum_even)
```

运行程序结果如图 2-36 所示。

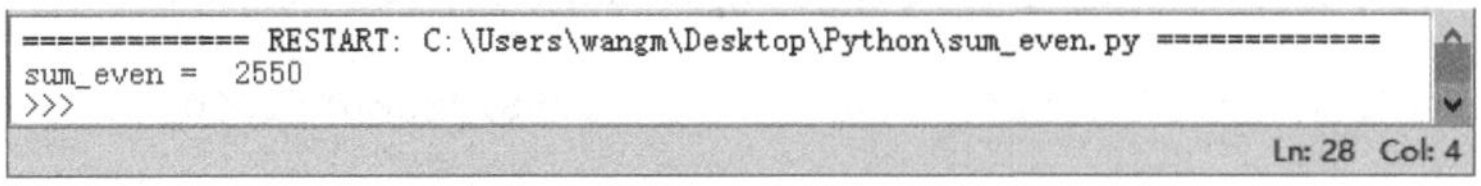

```
============ RESTART: C:\Users\wangm\Desktop\Python\sum_even.py ============
sum_even =  2550
>>>
```

图 2-36　1～100 的偶数和

3. 字符串遍历

【例 2-15】　从键盘输入一串字符串，统计字符串中分别有多少个英文字符、数字字符、空格、其他符号。

用 for 语句实现对字符串进行字符统计的文件为 count_char.py，其代码如下。

```
string = input("please input a string : ")
char=number=space=other=0

for i in string:
    if i.isdigit():
        number = number +1
    elif i.isalpha():
        char = char +1
    elif i == ' ':
        space = space +1
    else:
        other = other +1
print("The number_count : ",number)
print("The char_count : ",char)
print("The space_count : ",space)
print("The other_count : ",other)
```

运行结果如图 2-37 所示。

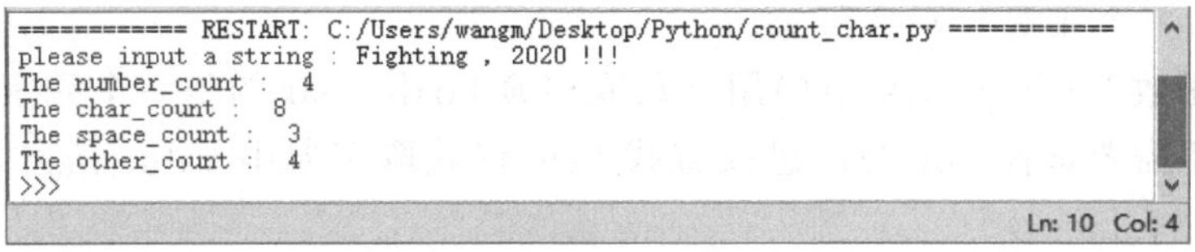

```
============ RESTART: C:/Users/wangm/Desktop/Python/count_char.py ============
please input a string : Fighting , 2020 !!!
The number_count :   4
The char_count :     8
The space_count :    3
The other_count :    4
>>>
```

图 2-37　字符串字符统计的运行结果

说明：
(1) 成员函数 i.isdigit() 用于判断字符 i 是否是数字。
(2) 成员函数 i.isalpha() 用于判断字符 i 是否是英文字符。

4. 字典遍历

【例 2-16】　字典的遍历与查找。有学生出生表以字典形式存储为 birth_year =

{'Zhang':2000,'Li':2001,'Wang':1998,'Zhou':2000}，显示所有学生的出生信息，再单独显示学生'Li'的出生信息。

使用 for 语句实现对字典遍历的文件为 dictionary.py，其代码如下。

```
birth_year={"Zhang":2000,"Li":2001,"Wang":1998,"Zhou":2000}

#显示所有学生的出生信息
for key, value in birth_year.items():
    print('key:', key)
    print('value:', value)

print('-----------')

#显示学生'Li'的出生信息
for key in birth_year.keys():
    if key =="Li":
        print('key:', key)
        print('value:', birth_year[key])
```

运行结果如图 2-38 所示。

图 2-38 字典的遍历与查找的运行结果

说明：

（1）字典的每一个元素都是 key-value 对，成员函数 birth_year.items()用于获取字典 birth_year 的每一个元素的 key 和 value。

（2）成员函数 birth_year.keys()用于获取字典 birth_year 的每一个元素的 key。

（3）如果不需要选择 key 的信息或查找 key，仅获取字典中 value 信息，可以使用成员函数 birth_year.values()。

5．矩阵遍历

【例 2-17】 实现求下列矩阵 A 的对角线之和。

$$A = \begin{bmatrix} 1 & 2 & 3 \\ 3 & 4 & 5 \\ 5 & 6 & 7 \end{bmatrix}$$

Python 的基本数据类型中，没有矩阵的表示，但是可以把矩阵描述成一个元素为列表的列表：A=[[1,2,3],[3,4,5],[5,6,7]]。使用 for 语句实现矩阵对角线求和的文件 mat_d.py 的代码如下。

```
mat_A=[[1,2,3],
       [3,4,5],
       [5,6,7]]
Diagonal_s = 0
for i in range(len(mat_A)) :
    Diagonal_s = Diagonal_s + mat_A[i][i]

print("Diagonal_s=",Diagonal_s)
```

运行结果如图 2-39 所示。

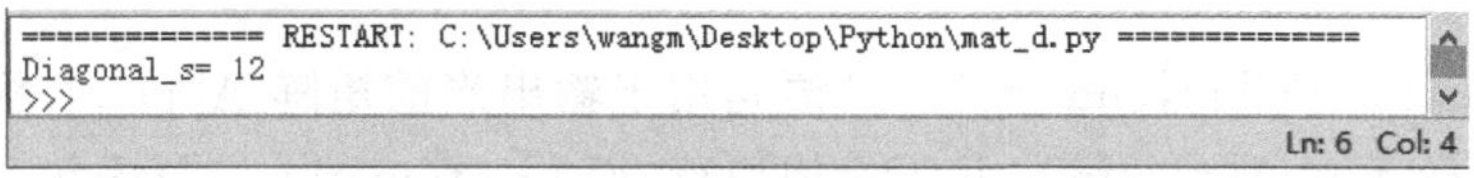

图 2-39　矩阵对角线之和的运行结果

说明：

(1) 对于矩阵 A，其中第一行相当于列表 A 的第一个元素，即 A[0]；第二行相当于列表 A 的第二个元素，即 A[1]；依次类推。第二行的第一列相当于数组 A[1] 的第一个元素，即 A[1][0]；第二行的第二列相当于数组 A[1] 的第二个元素，即 A[1][1]；依次类推。

(2) 针对矩阵的操作，可以通过导入模块 import numpy 实现，读者可以自行查阅相关参考资料。

2.3.3　循环嵌套

和分支一样，循环结构也可以进行嵌套，根据不同的嵌套层次，需要有不同的缩进，处于同一循环模块下的代码，必须有相同的缩进。

【例 2-18】 实现求下列矩阵 A 的所有元素之和。

$$A = \begin{bmatrix} 1 & 2 & 3 & 4 \\ 3 & 4 & 5 & 6 \\ 5 & 6 & 7 & 8 \end{bmatrix}$$

实现矩阵所有元素之和的文件为 mat_sum.py，其代码如下。

```
mat_A=[[1,2,3,4],
       [3,4,5,6],
       [5,6,7,8]]
mat_s = 0
for i in range(len(mat_A)) :
    for j in range(len(mat_A[i])) :
        mat_s = mat_s + mat_A[i][j]


for i in range(len(mat_A)) :
    for j in range(len(mat_A[i])) :
```

```
        print(mat_A[i][j],end = " ")
    print("\n")
print("mat_s=",mat_s)
```

运行结果如图 2-40 所示。

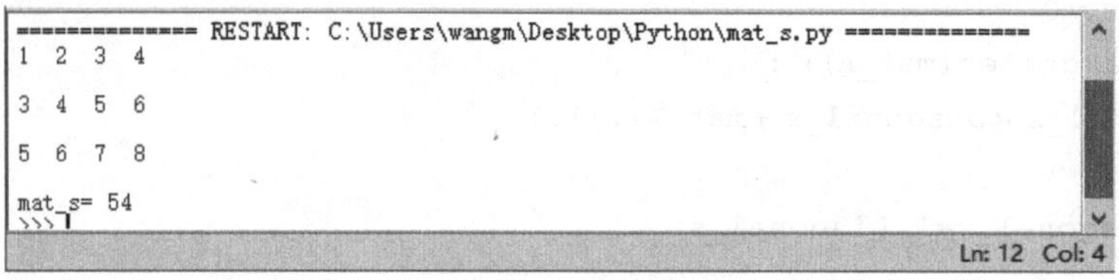

```
============ RESTART: C:\Users\wangm\Desktop\Python\mat_s.py ============
1 2 3 4
3 4 5 6
5 6 7 8
mat_s= 54
>>>
                                                                Ln: 12 Col: 4
```

图 2-40　求矩阵所有元素之和的运行结果

说明：print(mat[i][j],end = " ")语句用于输出当前矩阵 A[i][j]，根据循环嵌套的层次可知，同一行元素 A[i]的输出并不希望换行，而 print(mat[i][j])语句是会默认输出换行的，此时可以使用代码 end = " "，强制将回车换行\n 转变为" "。

2.3.4　循环控制

1. 死循环

人们经常会遇到以下形式的代码。

```
x=1
while(x<=5):
    print(x)
    # x=x+1
```

当人们不小心忘记了代码 x＝x+1 的时候，循环就因为循环变量 x 的值一直没有改变而一直执行循环体，形成无限循环，即死循环。

每个程序员都会偶尔不小心遇到进入无限循环的状态，如果不小心陷入了死循环，可以按 Ctrl＋C 键终止程序的执行，也可以关闭显示程序输出的终端窗口停止程序的执行。

【例 2-19】　创建按 Ctrl＋C 键则终止死循环的文件 endless_loop.py。

终止死循环的程序代码如下。

```
var =1
while var ==1 :
    num =int(input("Enter a number  :"))
    print ("You entered: ", num)
print ("End!")
```

程序运行如图 2-41 所示，其中最后一次输入的是 Ctrl＋C 键。

2. break 语句

尽管提倡在循环体内必须要有对循环控制变量进行改变的操作，但有时候循环控制的

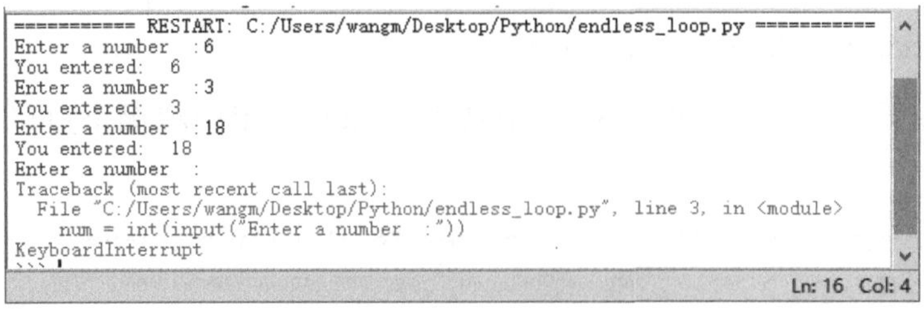

图 2-41　终止死循环的运行结果

次数是不确定的,计数型的循环并不适合于所有问题的求解。

因此,在程序执行过程中,随着判断条件的变化和实际判断的需求,人们需要使用 break 语句,它将不管条件测试结果如何,都会要求在执行过程中立即退出循环,不再运行循环中余下的代码。

【例 2-20】　修改文件 endless_loop.py,如果键盘输入的数字为 0,则退出循环。

代码修改如下,并另存为文件 endless_loop_break.py。

```
var = 1
while var == 1 :
    num = int(input("Enter a number  :"))
    if num != 0 :
        print ("You entered: ", num)
    else :
        break
print ("End!")
```

运行如图 2-42 所示。

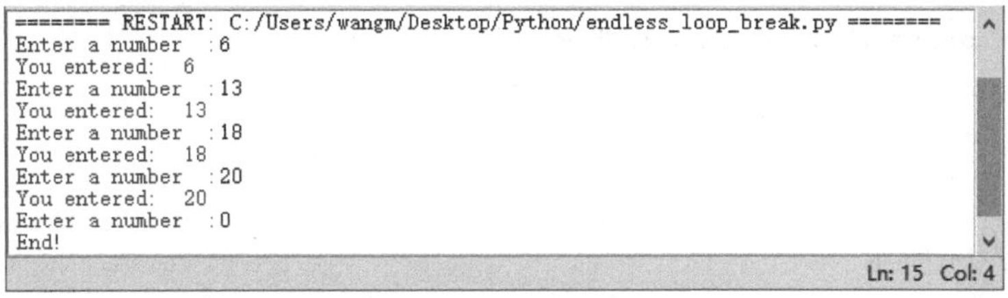

图 2-42　break 退出循环的运行结果

【例 2-21】　希望接收一个字符串,如果该字符串不为"quit",则显示"I like … ",否则退出。

使用 break 语句退出循环的具体代码如下。

```
x = "\nPlease input a name you like: "
x += " (Enter 'quit' when you are finished.)"
while True:
    name = input(x)
    if name == 'quit':
        break
```

```
else:
    print("I like ",name, "!\n")
```

运行结果如图 2-43 所示,可见 break 在循环次数不确定的情况下,可以起到非常重要的作用。

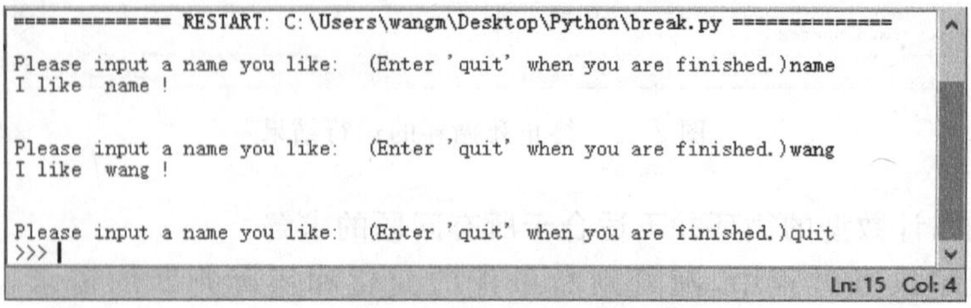

图 2-43 break 语句的运行结果

3. continue 语句

【例 2-22】 调整文件 endless_loop_break.py 的结构和代码,如果键盘输入的数字为 0,则退出循环;如果键盘输入的数是负数,则跳过此次执行,继续下一轮循环。

代码修改如下,并保存为 endless_loop_break_continue.py。

```
var = 1
while var == 1 :
    num = int(input("Enter a number   :"))
    if num==0 :
        break
    else:
        if num>0 :
            print ("You entered: ", num)
        else :
            continue
print ("End!")
```

运行如图 2-44 所示。

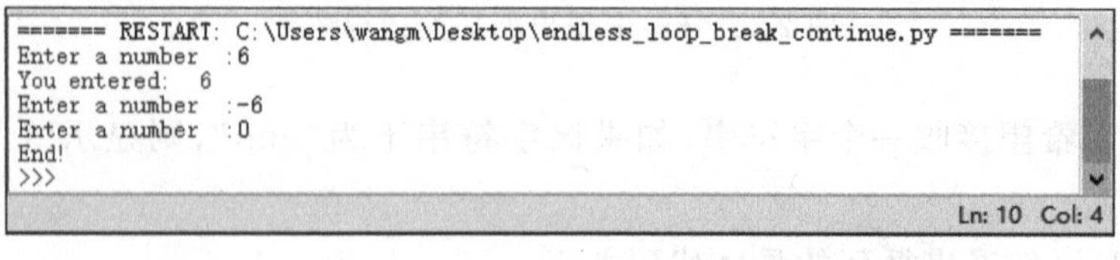

图 2-44 break 退出与 continue 退出循环的运行结果

可见,continue 和 break 最大的区别在于:遇到 continue 语句则结束本次循环,重新回到条件判断,等待判断是否进入下一次循环;而 break 结束本次循环之后完全退出循环,执行循环后的代码块 2 等其他语句。

【例 2-23】 希望接收一个数字,如果这个数字不是 0,则打印显示这是我喜欢的数字;

如果这个数字为0,则不做任何操作;如果这个数字小于0,则退出程序。

使用 break 和 continue 语句实现上述功能的代码如下。

```
x ="Please input a number you like: "
x +="(Enter a negative when you are finished.)"
while True:
    num=input(x)
    num=int(num)
    if num<0:
        break
    elif num==0:
        continue
    else:
        print("I like the number:",num, "!\n")
```

运行结果如图 2-45 所示。

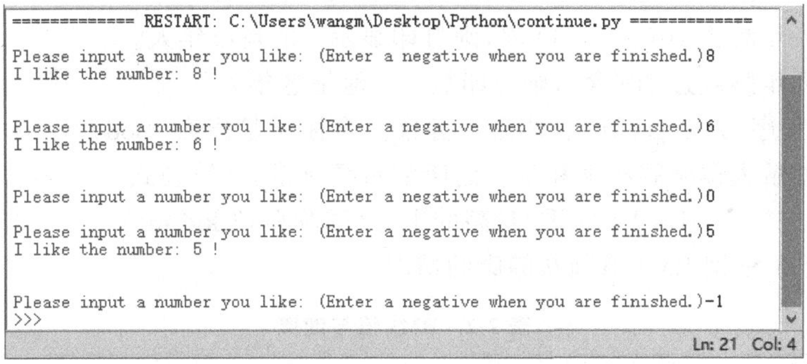

图 2-45　break 和 continue 语句的运行结果

2.4　单元实验

请完成如下实验。

(1) 通过 input()函数输入一个数,判断它是否是偶数。
(2) 通过 input()函数输入一个数,输出它的绝对值。
(3) 输入 3 个数,输出它们的最大值。
(4) 判断一个数能否被 2 或 3 整除。例如:

输入:6

输出:6 能被 2 和 3 整除

输入:7

输出:7 不能被 2 和 3 整除

输入:4

输出:4 能被 2 整除,不能被 3 整除

(5) 通过 input() 函数输入任意 3 条边长,编写程序判断 3 条边长能否构成三角形,如果能够构成三角形,就计算该三角形的周长和面积。

(6) 通过 input() 函数输入任意 3 条边长,编写程序判断 3 条边长能否构成三角形,并确定是什么类型的三角形(等边三角形、等腰三角形或一般三角形)。

(7) 编写程序,从键盘输入的一个年份,判断该年是否是闰年。(闰年:是指能够被 4 整除但不能被 100 整除,或者能被 400 整除的年份)。

(8) 编写程序,从键盘输入打车里程数,输出显示应支付的金额。出租车计价方式为:起步价 11.00 元/3km,之后 1.90 元/km,超过 20km 增加 50% 的空返费。

(9) 编写程序,通过 input() 函数输入一个值给变量 age,通过 if…elif…else 结构实现如下判断:

如果一个人年龄小于 2 岁,则打印显示:他是婴儿。
如果一个人年龄为 2(含)～4 岁,则打印显示:他是幼儿。
如果一个人年龄为 4(含)～13 岁,则打印显示:他是儿童。
如果一个人年龄为 13(含)～20 岁,则打印显示:他是青少年。
如果一个人年龄为 20(含)～60 岁,则打印显示:他是成年人。
如果一个人年龄超过 60(含),则打印显示:他是老年人。

(10) 编写程序,判断自己的身体是否健康。身体质量指数(Body Mass Index, BMI)是国际上常用的衡量人体肥胖程度和是否健康的重要标准,计算公式为

$$BMI = 体重/身高的平方(国际单位 kg/m^2)$$

表 2-2 给出了根据 BMI 值判断健康的情况。

表 2-2 BMI 值与健康

健康分类	BMI 分类	中国参考标准	相关疾病发病的危险性
偏瘦	偏瘦	<18.5	低,但其他疾病危险性增加
正常	正常	18.5～23.9	平均水平
超重	偏胖	24～26.9	增加
	肥胖	27～29.9	中度增加
	重度肥胖	≥30	严重增加
	极重度肥胖	≥40.0	非常严重增加

请计算自己的 BMI 值,并输出对应的发病危险提示信息。

(11) 编写程序,通过 input() 函数输入一个值给变量 flower 表示采购多少支玫瑰花,通过 if…elif…else 结构计算输出情人节玫瑰消费金额 money。玫瑰花原价每支价格 5 元,现促销如下:

如果购买小于或等于 10 支,则每支按原价销售。
如果购买 11～50 支,则每支按原价的 8 折销售。
如果购买 51～100 支,则每支按原价的 6 折销售。
如果购买大于 101 支,则每支按原价的 5 折销售。

(12) 运行程序,查看并分析运行结果。

```
students=['Alice', 'Bob', 'Candy', 'David']
for i in range(len(students)):
        print(i,students[i])
```

(13) 编写函数,通过 input()函数输入一个 3 位数,并打印显示它是否是水仙花数(水仙花数:每个位数上的数值的 3 次幂之和等于这个数本身)。

(14) 编写程序,找出所有的四叶玫瑰数(四叶玫瑰数:4 位数的每个位数上数值的 4 次幂之和等于这个数本身)。

(15) 给定列表 a＝[1,4,7,8,15,9,21],输出它们的最大值。

(16) 从键盘输入 10 个数(存放入列表类型),并输出它们的最大值及下标。

(17) 从键盘输入 4 个各不相同的 1 位数,能组成多少个互不相同且无重复数字的 3 位数?分别是多少?

(18) 从键盘输入两个数值,求这两个数的最大公约数和最小公倍数(最小公倍数＝(num1×num2)÷最大公约数)。

(19) 打印下三角形的九九乘法表(提示:"end = " "")。

(20) 编写程序,输出公元 1000 至公元 2000 年间的所有闰年。

(21) 编写程序,判断一个从键盘输入的数是否是素数。

(22) 编写程序,输出 1000～2000 的所有素数。

(23) 有一个列表 digits＝[2,4,5,7,3,1,9,8,6],当需要显示序数的时候,结果应该是以 th 结尾(1、2、3 分别以 st、nd、rd 结尾)的形式。编写程序遍历列表 digits,并以行的形式显示当前数值的序数表示。

(24) 假设有一个宠物列表:pets＝['dog', 'Alice', 'cat', 'goldfish ', 'Alice', 'dog', ' rabbit ', 'Alice', 'Alice'],其中包含了多个 Alice,编写程序删除(移除列表中特定值的函数为 remove())所有的 Alice。

(25) 猜数字游戏:

① 系统随机生成一个 1～100 的数字(随机函数 random()的使用需要导入模块 import random,请自行查阅文献)。

② 用户共有 5 次机会猜。

③ 如果用户猜测的数字大于系统给出的数字,则打印"too big"。

④ 如果用户猜测的数字小于系统给出的数字,则打印"too small"。

⑤ 如果用户猜测的数字等于系统给出的数字,则打印"congratulation",并退出循环。

(26) 密码检验。

网站要求用户输入用户名和密码进行注册,请管理员编写程序以检查用户输入的密码的有效性。以下是检查密码的标准:

① 至少有 1 个 a～z 的字母。

② 至少有 1 个 0～9 的数字。

③ 至少有 1 个 A～Z 的字母。

④ 至少有一个＄、♯或@中的字符。
⑤ 密码最短长度为6。
⑥ 密码最长长度为12。

程序接收一系列用逗号分隔的密码,并将根据上述标准进行检查。打印符合条件的密码,每个密码用逗号分隔。

例如,如果有以下密码作为程序的输入:ABd1234@1,a F1♯,2w3E＊,2We33♯5,则输出应该是:ABd1234@1,2We33♯5。

第 3 章 函 数

一段程序代码通常可以实现某一特定功能,当需要多次实现同样的这个功能时,都可以使用这同一段代码。但是,如果每次都要重复写相同的代码,不仅让代码看起来很累赘,而且增加了工作量。因此,可以把功能相同的代码封装到一个称为"函数"的功能模块中,当需要实现该功能时,只需要"调用"这个"函数"就可以了。

3.1 函数的定义与调用

函数是组织好的、可重复使用的、用来实现单一或相关联功能的代码段。函数能提高应用的模块性和代码的重复利用率。Python 本身有很多内置函数,如 input()、print()等,可以直接被调用。用户也可以自己创建函数,这种函数称为用户自定义函数。

在 Python 中,自定义函数的语法如下。

```
def 函数名([参数 1,参数 2,参数 3,…]):
    #注释
    函数体
```

说明:在 Python 中,函数定义以关键字 def 开头,空格后接函数标识符名称和圆括号"()",后面是一个冒号和换行,然后是函数体。

定义函数时要注意以下几点。

(1) 函数名后面的圆括号和冒号必不可少。用户自定义的函数名,注意不要与 Python 内置函数重名,否则相当于重写内置函数,若不需要,尽量避免重名。

(2) 参数列表是可选的,参数列表是用逗号分隔开的参数,参数个数没有限制,如果参数的个数是 0,意味着是无参函数。

(3) 函数体相对于 def 关键字必须保持一定的空格缩进。

(4) 使用"♯注释"来解释该函数的主要功能,是可选的,但推荐使用,方便同行交流。

用户自定义函数后,如果想要完成函数定义的特定任务,可通过在程序中调用该函数实现,调用函数时函数里的代码就会被执行。当然如果想要多次使用同一函数,可以通过多次调用该函数来实现。调用函数的方法非常简单,直接写上函数名加上圆括号即可,但切记函数必须先定义后调用的原则。

例如,编写一个求 1~100 累加和的函数,新建文件 def_sum.py,输入如下代码。

```
def sum():
```

```
    total=0
    for count in range(1, 101):
        total=total+count
    print("sum=",total)
sum()            #调用 sum()函数
```

程序的运行结果如图 3-1 所示。

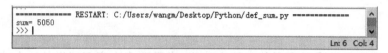

图 3-1　求和函数的运行结果

说明：

(1) 关键字 def 用于告知 Python,要定义一个名字为 sum 的函数。

(2) 紧跟在"def sum():"后面的所有缩进构成了函数体,它实现了从 1 到 100 累加求和。

(3) 最后一行代码调用 sum()函数,当程序运行时,函数 sum()被执行。

(4) 在 def_sum.py 文件中,程序代码可以仅定义函数 sum()而不输入调用语句,在运行程序时再输入调用语句 sum()。修改 def_sum.py 文件中的代码如下。

```
def sum():
    total=0
    for count in range(1, 101):
        total=total+count
    print("sum=",total)
```

运行程序,在命令行中输入 sum()并按回车键执行,结果如图 3-2 所示。

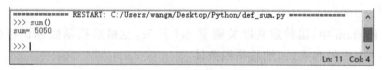

图 3-2　求和函数调用结果

3.2　函数的参数

最初的函数是没有参数概念的,函数只是对相同功能代码的打包,功能单一。例如上述求和函数,如果想分别求解 1～100 之和、100～200 之和,需要定义两个函数,这样代码重复冗余度很高,两个函数功能接近,而它们的区别仅仅是求和的数据不同。因此,可以考虑给函数一个接口,通过接口与外部交流,实现功能接近而又能满足个性化需求的函数,这个接口称为函数参数。

3.2.1　函数的形式参数与实际参数

函数的参数从调用的角度来说,分为形式参数和实际参数,简称为形参和实参。形参是指定义函数时圆括号里的参数;实参是指函数在被调用的过程中传递过来的参数,即在调用函数时提供的具体的值或者变量。

例如,修改文件 def_sum.py 为更通用的求和函数,让其能够实现从某个数(start)到另外一个数(end)的累加求和,新建文件 sum_parm.py,输入如下代码。

```
def sum1(start,end):
    total=0
    for count in range(start, end+1):
        total=total+count
    print("sum=",total)

sum1(1,100)
sum1(101,200)
```

程序的运行结果如图 3-3 所示。

```
============ RESTART: C:/Users/wangm/Desktop/Python/sum_parm.py ============
sum= 5050
sum= 15050
>>>
                                                                  Ln: 7 Col: 4
```

图 3-3　带参数求和函数的运行结果

说明:

(1) 程序中引入两个变量 start 和 end 来分别代表起始值和终止值,并把这两个变量添加到函数定义 def sum1() 的括号内,这里的 start 和 end 为形参。当需要实现 1～100 的累加和功能时,调用函数 sum1(1,100);当需要实现 101～200 的累加和功能时,调用函数 sum1(101,200)。其中,1、100、101 和 200 为实参。

(2) 在调用函数 sum1(1,100) 时,将实参 1 和 100 传递给函数 sum1(start,end) 里的形参 start 和 end,1 和 100 这两个值被存储在形参中,执行求和函数时便输出 1 到 100 的累加和;同理,在调用函数 sum1(101,200) 时,将实参 101 和 200 传递给函数 sum1(start,end) 里的形参 start 和 end,101 和 200 这两个值被存储在形参中,执行求和函数时便输出 101 到 200 的累加和。

(3) 形参的数据类型取决于调用时输入的实参的数据类型。例如,定义 sum1(start,end) 函数时没有指定形参 start 和 end 的数据类型,在调用函数 sum1(1,100) 时,两个实参的类型都是数值,所以形参 start 和 end 的数据类型也是数字值类型。

(4) 为方便别人调用,也可以在函数定义时为形参指定数据类型,参考代码如下。

```
def sum1(start:int,end:int):
    total=0
    for count in range(start, end+1):
        total=total+count
    print("sum=",total)

sum1(1,100)
sum1(101,200)
```

3.2.2 函数的参数类型

Python 函数的形参和实参根据参数的类型特点分成 4 种：位置参数（又称必选参数）、默认参数、可变参数（又称不定长参数）、关键字参数。不同类型的参数各有特色，如果使用恰当，不但能处理复杂的参数，还可以简化调用者的代码。

1. 位置参数

位置参数，顾名思义，就是位置固定的参数，也称为必选参数，调用函数时需要一一对应为其赋值，不能不赋值，更不能不按设定类型赋值。

3.2.1 节 sum_parm.py 文件定义的 sum1(start,end) 函数中 start 和 end 两个参数就是位置参数。在定义 sum1(start,end) 函数时有两个形参 start 和 end，因此在调用函数 sum1(1,100) 时也必须有两个实参 1 和 100，如果传入的实参数量多于或少于形参数量，运行程序都会报错。

例如，将调用函数 sum1(1,100) 语句改为 sum1(1)，传入实参数量少于形参数量，运行程序就会报错，如图 3-4 所示。

```
=============== RESTART: C:\Users\wangm\Desktop\sum_parm.py ===============
Traceback (most recent call last):
  File "C:\Users\wangm\Desktop\sum_parm.py", line 7, in <module>
    sum1(1)
TypeError: sum1() missing 1 required positional argument: 'end'
>>>
```

图 3-4 参数报错

同时，需要编程者注意实参的顺序，确保与形参一一对应。当然，编程者也可以通过关键字＝值的方式一一对应，如 sum1(start=1,end=100) 或者 sum1(end=100,start=1)，将实参与形参关联映射，不需要考虑函数调用过程中实参的顺序。

2. 默认参数

有时函数中的某些参数存在默认值，或者为了简化调用过程某些参数省略不写，需要使用默认值运行函数，因此需要使用默认参数。默认参数的用法是直接在定义函数时对其进行赋值，调用时如果没有特殊需要可以不对其再次赋值。特别需要注意的是，如果有位置参数，默认参数必须在位置参数后面声明。

例如，编写一个大学一年级新生注册的函数，新建文件 enroll.py，输入如下代码。

```
def enroll(name, gender):
    print("姓名:", name)
    print("性别:", gender)
```

以上定义的 enroll(name,gender) 函数中有 name 和 gender 两个参数，因此调用函数 enroll() 时需要传入两个参数。

如果还要继续注册年龄、健康状况，进一步考虑到大学一年级新生大多是 20 岁且健康状况良好，所以可以把年龄和健康状况设为默认参数，添加代码如下。

```
def enroll(name, gender, age=20, health='良好'):
    print("姓名:", name)
    print("性别:", gender)
    print("年龄:", age)
    print("健康状况:", health)
```

这样大多数学生注册时不需要提供年龄和健康状况,只需提供两个必选参数即可。只有与默认参数不符的学生才需要提供额外的信息。例如,李四的年龄 21 岁,王五的健康状态一般。分别运行程序,输入调用函数语句 enroll("张三","男")、enroll("李四","男",21) 和 enroll("王五","男",health="一般"),查看执行结果如图 3-5 所示。

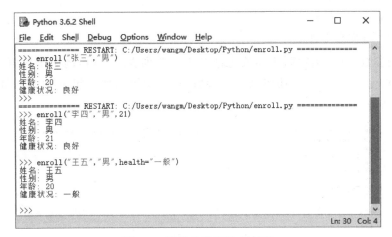

图 3-5　默认参数值执行结果

3. 可变参数

可变参数,顾名思义,就是指传入的参数的个数是可变的,可以是 1 个、2 个,也可以是任意个或 0 个。

例如,给定一组数字 a、b、c…,请计算 $a^2+b^2+c^2+\cdots$。要定义这个函数,必须确定输入的参数。由于参数的个数不确定,首先想到可以把 a、b、c…作为一个列表或元组传进来。新建文件 calc1.py,输入如下代码。

```
def calc(numbers):
    sum=0
    for n in numbers:
        sum=sum+n*n
    print("sum=",sum)
```

运行程序,在调用函数的时候,需要先组装出一个列表或元组,因此分别输入调用函数语句 calc([1,2,3]) 和 calc((1,3,5,7)),按回车键执行,其结果如图 3-6 所示。

接下来,如果把函数的参数 numbers 改为可变参数,定义可变参数与定义列表或元组参数相比,仅仅在参数前面加了一个星号" * ",因此改为 * numbers,在函数体内部,可变参数 numbers 接收到的是一个列表或元组。新建文件 calc2.py,输入如下代码。

```
============ RESTART: C:/Users/wangm/Desktop/Python/calc1.py ============
>>> calc([1,2,3])
sum= 14
>>> calc((1,3,5,7))
sum= 84
>>>
```

图 3-6　列表/元组参数的运行结果

```
def calc( * numbers):
    sum=0
    for n in numbers:
        sum=sum+n * n
    print("sum=",sum)
```

利用可变参数，调用函数时不需要先组装出一个列表或元组，调用函数语句可以简化成 calc(1,2,3)和 calc(1,3,5,7)，还包括 0 个参数，输入调用函数语句 calc(1,2)和 calc()，按回车键执行，其结果如图 3-7 所示。

```
============ RESTART: C:/Users/wangm/Desktop/Python/calc2.py ============
>>> calc(1,2,3)
sum= 14
>>> calc(1,3,5,7)
sum= 84
>>> calc(1,2)
sum= 5
>>> calc()
sum= 0
>>>
```

图 3-7　可变参数的运行结果

4. 关键字参数

可变参数允许传入 0 个或任意个参数，这些可变参数在函数调用时自动组装为一个列表或元组。而关键字参数允许传入 0 个或任意个含参数名的参数，这些关键字参数在函数内部自动组装成一个字典。调用时可以直接输入一个字典或者按照 key=value 的格式进行赋值，声明关键字参数时只需在参数名前边加上两个星号"**"。

修改 enroll.py 函数，要求实现大学一年级新生注册，除了姓名和性别是必填项外，其他项都是可选项，利用关键字参数来定义这个函数就能满足注册的需求。新建文件 enrollstu.py，输入如下代码。

```
def enroll(name, gender, **kw):
    print("姓名:", name)
    print("性别:", gender)
    print("其他信息:", kw)
```

函数 enroll()除了必选参数 name 和 gender 之外，还接收关键字参数 kw。如果未指定关键字参数 kw，则 kw 为空，否则 kw 为参数指定值，运行结果如图 3-8 所示。

在 Python 中定义函数时，可以任选必选参数、默认参数、可变参数和关键字参数这 4 种参数中的一种或多种。但在定义的过程中需要注意，参数定义的顺序必须是必选参数、默认参数、可变参数和关键字参数。

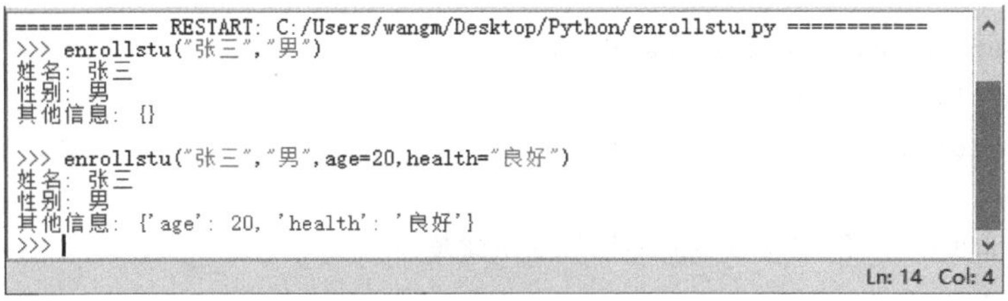

图 3-8 关键字参数的运行结果

3.3 函数的返回值

Python 中,用 def 语句创建函数时,可以用 return 语句指定函数的返回值。在函数中,使用 return 语句的语法格式一般形式为

return [返回值]

说明:return 语句的作用是结束函数调用并返回值。

3.3.1 指定返回值和隐含返回值

Python 函数使用 return 语句返回"返回值",可以将其赋给其他变量或作其他用处,所有的函数都有返回值,如果没有 return 语句,函数运行结束会隐含返回一个 None 作为返回值,类型是 NoneType,与 return、return None 等效,都是返回 None。

修改文件 sum_parm.py 代码如下,另存为文件 sum_parm_return.py。

```
def sum2(start, end):
    total=0
    for count in range(start, end+1):
        total=total+count
    return total
```

s=sum2(1, 100)   #将 sum2()函数返回值赋给变量 s

程序运行结果如图 3-9 所示。

图 3-9 函数值返回赋值结果

上例只是将函数 sum2(1,100)执行结果返回并赋给变量 s,程序没有指定任何输出。继续增加输出语句,代码如下。

```
def sum2(start, end):
    total=0
    for count in range(start, end+1):
        total=total+count
    return total

s=sum2(1, 100)    #将 sum2()函数返回值赋给变量 s
print("return_sum=",s)
```

运行结果如图 3-10 所示。

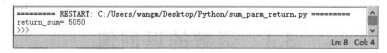

图 3-10　函数值返回输出结果

说明：

（1）要想输出求和结果，仅仅使用 return 语句是不行的，return 语句只是将 return 后面的返回值作为函数的输出，而 print 语句是打印在控制台，因此需要使用 print 语句打印求和结果，可见 return 和 print 语句是有区别的。

（2）sum_parm.py 文件中定义 sum1()函数时，函数体内虽然没有使用 return 语句，但隐含返回值为 None。

（3）sum_parm_return.py 文件中定义 sum2()函数时，函数体中使用 return 语句指定返回值为 total。

（4）程序中使用 s＝sum2(1,100)语句将 sum2()函数返回值赋给了变量 s。

3.3.2　多条 return 语句

一个函数可以存在多条 return 语句，但只有一条 return 语句可以被执行。如果函数执行了 return 语句，函数会立刻返回，结束调用，函数体中 return 之后的其他语句都不会被执行了；如果函数体执行完都没有一条 reutrn 语句被执行，同样会隐式调用 return None 作为返回值。

例如，修改文件 sum_parm_return.py 代码如下，另存为文件 sum_parm_returns.py。

```
def sum3(start, end):
    total=0
    for count in range(start, end+1):
        total=total+count
    return "累加求和结果是:"
    return total
    print("这是 sum3 函数最后一条语句。")

print(sum3(1, 100))
```

程序的执行结果,如图 3-11 所示。

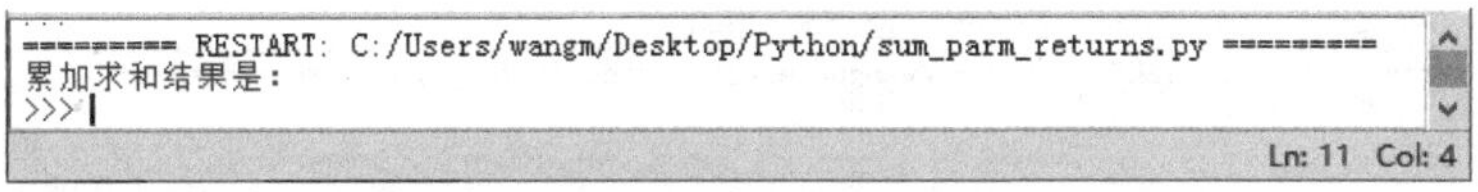

```
========= RESTART: C:/Users/wangm/Desktop/Python/sum_parm_returns.py =========
累加求和结果是:
>>>
```

图 3-11　多条 return 语句,只有一条被执行

说明：sum3(start,end)函数中有两条 return 语句,调用函数时只执行第一条"return "累加求和结果是：""语句,其后所有的语句都不执行。一般情况,顺序结构的多条 return 语句往往存在冗余,因此多条 return 语句通常和分支结构结合使用,分别返回不同的函数执行结果,程序修改如下。

```
def sum3(start, end):
    total=0
    for count in range(start, end+1):
        total=total+count
    if total >1000:
        return total
    else:
        return "累加求和结果小于1000"
    print("这是 sum3 函数最后一条语句。")

print("sum3(1,100)=",sum3(1,100))
print("sum3(1,10)=",sum3(1,10))
```

程序的执行结果,如图 3-12 所示。

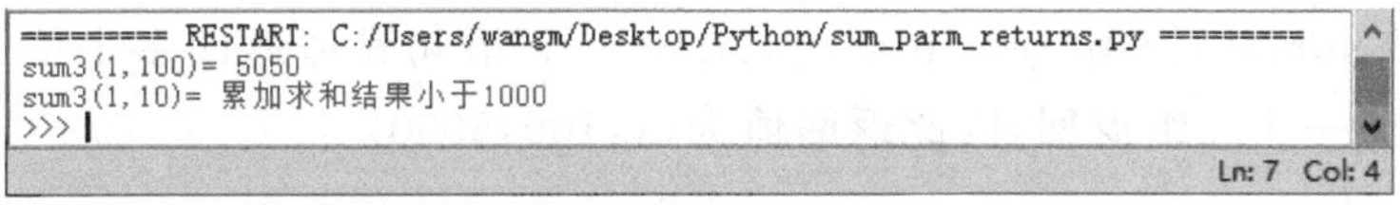

```
========= RESTART: C:/Users/wangm/Desktop/Python/sum_parm_returns.py =========
sum3(1,100)= 5050
sum3(1,10)= 累加求和结果小于1000
>>>
```

图 3-12　多分支 return 语句执行结果

3.3.3　返回值类型

函数的返回值类型除了可以是数值、字符串外,还可以是任何类型的值,包括列表、元组、字典等复杂的数据结构。

例如,定义 infor_stu(name,sex,age)函数,函数返回值类型为字典,新建文件 infor_stu.py,输入如下代码。

```
def infor_stu(name,sex,age):
    student={"姓名":name,"性别":sex,"年龄":age}
    return student
print(infor_stu("张三","男",20))
```

程序执行结果,如图 3-13 所示。

图 3-13　return 返回值为字典类型

前面的实例中 return 语句都仅返回了一个值,其实无论定义 return 返回什么类型,return 只能返回一个值,但这个值可以存在多个元素。

例如,求 1~100 的累加和,并输出起始数、终止数、累加和。新建文件 start_end_sum.py,输入如下代码。

```
def sum4(start, end):
    total=0
    for count in range(start, end+1):
        total=total+count
    return start,end,total

print(sum4(1,100))
```

程序的执行结果,如图 3-14 所示。

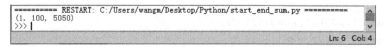

图 3-14　return 返回值类型为元组

说明:函数 sum4() 使用 "return start,end,total" 语句看似返回多个值,其实隐式地被 Python 封装成了一个元组返回,因此返回值为 (1,100,5050)。

3.4　函数的嵌套

Python 支持函数的嵌套,即在一个函数内部定义子函数,而且支持多层嵌套。例如,在 fun1() 函数中定义 fun2() 函数。

```
def fun1():
    num1=20
    def fun2():
        num2=30
```

如果想在调用 fun1() 函数的时候输出 num1=20 或 num2=30,那么可以给上述代码添加输出语句如下,并另存为文件 fun.py。

```
def fun1():
    num1=20
```

```
    def fun2():
        num2=30
    print("num1=",num1)
    print("num2=",num2)
```

运行程序,在命令行中输入 fun1(),即调用 fun1()函数,按回车键执行,结果如图 3-15 所示。

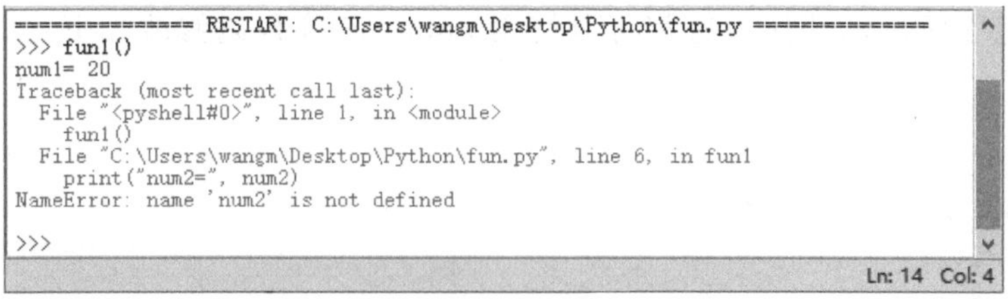

图 3-15　嵌套函数输出变量报错

程序执行会报错,提示没有定义变量 num2。这说明,程序中定义的变量是有作用范围的。虽然在 fun1()函数中定义了变量 num2,但是 num2 是定义在 fun1()函数的嵌套函数 fun2()中的。

变量的作用范围称为该变量的作用域,即一般常说的变量的可见范围。根据定义变量的位置,变量的可见范围分为两种:局部变量和全局变量。

(1) 全局变量:是指在函数外面、全局范围内定义的变量。全局变量的作用域是在整个程序运行环境中都可见,意味着它们可以在所有函数内被访问。

(2) 局部变量:是指在函数中定义的变量,包括参数。局部变量的作用域是在函数内部可见,局部变量的使用范围不能超过其所在的局部作用域。

分析上例,num2 是 fun2()函数内部定义的变量,它是局部变量,只在 fun2()函数内部是可见的,因此在 fun2()函数外没法使用 num2。同理,num1 是 fun1()函数内部定义的变量,它是局部变量,只在 fun1()函数内部是可见的,因此在 fun1()函数外没法使用 num1。另外,fun2()函数在 fun1()函数内部,因此 num1 在 fun2()函数内部也是可见的。

需要注意的是,Python 中的函数也可以被当作变量来对待,因此函数也有作用域。例如,fun2()函数的作用域是在 fun1()函数内部,因此只能在 fun1()内部调用 fun2()函数。

综上所述,如果想输出 num1=20 或 num2=30,程序 fun.py 代码应修改如下。

```
def fun1():
    num1=20
    def fun2():
        num2=30
        print("num2=", num2)
    print("num1=", num1)
    fun2()
```

运行程序,在命令行中输入 fun1(),即调用 fun1()函数,按回车键执行,结果如图 3-16 所示。

有时需要定义一个在整个程序中任意位置都可以使用的变量,即定义一个全局变量。

第 3 章　函数

```
============== RESTART: C:\Users\wangm\Desktop\Python\fun.py ==============
>>> fun1()
num1= 20
num2= 30
>>>
```

图 3-16　嵌套函数变量作用域

例如,在以上程序的基础上,定义全局变量 num,其在整个程序中都可见,因此在 fun1() 和 fun2() 函数中甚至程序的任何位置都可以使用 num。程序代码修改如下。

```
num=10
def fun1():
    num1=20
    def fun2():
        num2=30
        print("num2=", num2)
    print("num=", num)
    print("num1=", num1)
    fun2()
```

运行程序并输入 fun1(),即调用 fun1() 函数,按回车键执行,结果如图 3-17 所示。

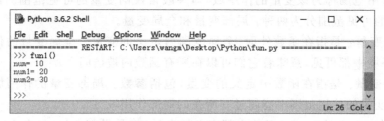

图 3-17　全局变量和局部变量

3.5　精 选 案 例

【例 3-1】　编程实现求任意一个正整数 n 的阶乘。

新建实现正整数 n 的阶乘的文件 factorial.py,输入如下代码。

```
def factorial(n):
    result=n
    for i in range(1,n):      #for 循环实现求 n 的阶乘
        result=result*i
    return  result

number=int(input("请输入一个正整数:"))
result=factorial(number)
print("%d 的阶乘是%d"%(number,result))
```

执行程序,结果如图 3-18 所示。

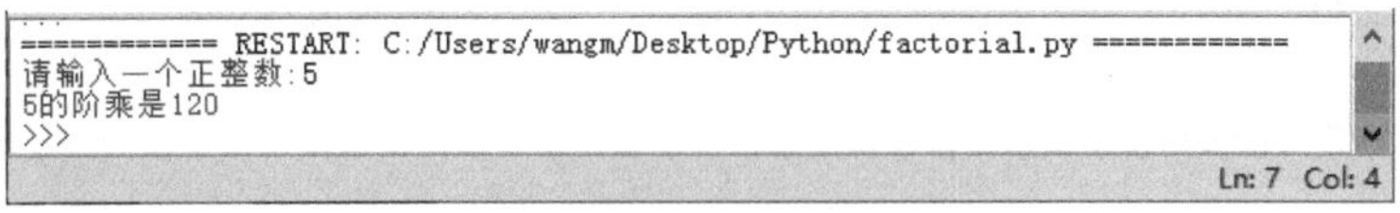

图 3-18　求正整数 n 的阶乘的运行结果

【例 3-2】　编程实现判断输入的年份是否为闰年。提示:闰年的条件是能被 4 整除但是不能被 100 整除,或者能被 400 整除。

新建采用循环判断闰年的文件 leap.py,输入如下代码。

```
def isLeap(y):
    if y%400==0 or (y%100!=0 and y%4==0):#判断闰年条件
        return True
    else:
        return False
year=int(input("请输入一个年份:"))
if isLeap(year)==True:
    print("%d年是闰年"%year)
else:
    print("%d年不是闰年"%year)
```

程序执行结果,如图 3-19 所示。

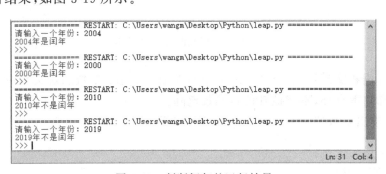

图 3-19　判断闰年的运行结果

说明:

(1) isLeap(y)函数用来判断是否是闰年,y 是形参用来接收输入的年份,y 是否为闰年的判定条件为:y%400==0 or (y%100!=0 and y%4==0)。

(2) isLeap(y)函数的返回值为 bool 型 True 或 False,因此程序的条件判断语句 isLeap(year)==True 中将 isLeap(y)函数返回值与 True 比较,如果 y 是闰年,则 isLeap(y)函数返回为 True,所以该条件判断语句的判断结果为 True;否则,为 False。此处代码也可直接将条件判断语句写成 if isLeap(year),执行效果相同。

尽管定义了判断闰年的功能函数 isLeap(y),但是每次判断都要执行程序,会影响效率。修改文件 leap.py 的调用函数可以实现循环查询,修改代码如下。

```
def isLeap(y):
```

```
        if y%400==0 or (y%100!=0 and y%4==0):#判断闰年条件
            return True
    else:
        return False

while True:
    year=int(input("请输入一个年份(小于 0 结束):"))
    if year>=0:
        if isLeap(year)==True:
            print("%d年是闰年"%year)
        else:
            print("%d年不是闰年"%year)
    else:
        print("GoodBye!")
        break
```

程序执行结果，如图 3-20 所示。

```
=============== RESTART: C:\Users\wangm\Desktop\Python\leap.py ===============
请输入一个年份（小于0结束）: 2004
2004年是闰年
请输入一个年份（小于0结束）: 2000
2000年是闰年
请输入一个年份（小于0结束）: 2010
2010年不是闰年
请输入一个年份（小于0结束）: 2019
2019年不是闰年
请输入一个年份（小于0结束）: -1
GoodBye!
>>>
```

图 3-20 循环判断是否是闰年

【例 3-3】 编程实现输出 100～200 的所有素数。提示：素数的定义是一个大于 1 的自然数，除了 1 和它本身外，不能被其他自然数整除。

新建实现输出素数的文件 primer.py，代码如下。

```
import math
def isPrimer(n):
    if n<=1:
        return False
    for i in range(2,int(math.sqrt(n))+1):
        if n%i==0:
            return False
    return True

CR=1
for num in range(100,200):
    if isPrimer(num) ==True:
        print(num , end=' ')
        if CR%5==0:
            print("\n")
```

```
        CR=CR+1
```

程序执行结果,如图 3-21 所示。

```
============ RESTART: C:\Users\wangm\Desktop\Python\primer.py ============
101    103    107    109    113
127    131    137    139    149
151    157    163    167    173
179    181    191    193    197
199
>>>
```

图 3-21　输出 1~100 的所有素数

说明:

(1) 根据素数的定义,判断 n 是否是素数,首先想到如果 n 不能被 2~n-1 的数整除,n 就是素数。其实该算法可以优化,因为如果一个数不是素数是合数,那么一定可以由两个自然数相乘得到,其中一个大于或等于它的平方根,一个小于或等于它的平方根,并且成对出现,所以对上述算法进行优化,只要 n 不能被 2~sqrt(n)的数整除,n 就是素数。

(2) 程序中需要使用平方根函数,因此通过 import math 语句导入标准库 math,通过 math.sqrt(n)调用 math 库中的 sqrt(n)函数,即可返回 n 的平方根。

【例 3-4】 编程实现,从键盘录入一个班级学生的姓名及其大学计算机基础课程的考试成绩,然后统计该班级学生成绩的平均分、最高分、最低分,并且按照分数从高到低对学生的成绩进行排序。

新建实现学生成绩统计的文件 count_stu.py,代码如下。

```
def sorted_score(y):
    score_list=[(y[k],k) for k in y]
    score_sorted=sorted(score_list,reverse=True)
    return [(k[1],k[0]) for k in score_sorted]


n=int(input("请输入班级人数:"))
scores={}
for count in range(1, n+1):
    i=input("请输入学生姓名:")
    j=input("请输入%s学生分数:"%i)
    scores[i]=float(j)
print("请输入全班大学计算机基础的成绩:",scores)
print("全班大学计算机基础的平均分数:",end='')
print(sum(scores.values())/len(scores))
print("大学计算机基础的最高成绩:",max(scores.values()))
print("大学计算机基础的最低成绩:",min(scores.values()))
print("全班分数从高到低的顺序是:",sorted_score(scores))
```

程序执行结果,如图 3-22 所示。

说明:

(1) scores={}定义了一个字典 scores。

```
========== RESTART: C:\Users\wangm\Desktop\Python\count_stu.py ==========
请输入班级人数:5
请输入学生姓名:S1
请输入S1学生分数:56.5
请输入学生姓名:S2
请输入S2学生分数:89
请输入学生姓名:S3
请输入S3学生分数:78
请输入学生姓名:S4
请输入S4学生分数:100
请输入学生姓名:S5
请输入S5学生分数:97.5
请输入的全班大学计算机基础的成绩: {'S1': 56.5, 'S2': 89.0, 'S3': 78.0, 'S4': 100.0, 'S5': 97.5}
全班大学计算机基础的平均分数:84.2
大学计算机基础的最高成绩: 100.0
大学计算机基础的最低成绩: 56.5
全班分数从高到低的顺序是: [('S4', 100.0), ('S5', 97.5), ('S2', 89.0), ('S3', 78.0), ('S1', 56.5)]
>>>
```

图 3-22　学生成绩统计

(2) scores[i]=float(j)实现了键-值关联,将 i 键对应的值设置为 float(j)。

(3) len(scores)计算 scores 字典的长度,即键-值对个数。

(4) scores.values()返回包含所有值的列表。

(5) sum(scores.values())调用内置函数 sum 求所有值的和。

(6) max(scores.values())调用内置函数 max 求所有值的最大值。

(7) min(scores.values())调用内置函数 min 求所有值的最小值。

(8) 调用 sorted_score(scores))函数对字典排序,该函数的实参是字典 scores。

【例 3-5】　编写函数,封装例 2-15 的程序,实现函数 count_fun 分别统计出字符串中英文字母、数字和其他字符的个数,并编写程序调用该函数。

修改文件 count_char.py 并另存为文件 count_char_fun.py,其代码如下。

```
def count_fun(string):
    char=0
    number=0
    space=0
    other=0
    for i in string:
        if i.isdigit():
            number =number +1
        elif i.isalpha():
            char =char +1
        elif i ==' ':
            space =space +1
        else:
            other =other +1
    print("The number_count : ",number)
    print("The char_count : ",char)
    print("The space_count : ",space)
    print("The other_count : ",other)

while True:
    s =input("please input a string : ")
```

```
    if s =="quit":
        break
    else:
        count_fun(s)
```

程序执行结果,如图 3-23 所示。

```
========== RESTART: C:\Users\wangm\Desktop\Python\count_char_fun.py ==========
please input a string : Fighting , 2020 !!!
The number_count :  4
The char_count   :  8
The space_count  :  3
The other_count  :  4
please input a string : abc 123 ( !@$* )
The number_count :  3
The char_count   :  3
The space_count  :  4
The other_count  :  6
please input a string : quit
>>>
```

图 3-23 统计字符串中英文字母、数字和其他字符的个数

由此可见,函数的定义是对代码的封装,可以通过重复调用实现功能相同但参数不同的需求。与例 2-15 相比,count_fun(string)函数可以在同一个执行中重复被调用,简化了代码。

3.6 单 元 实 验

请完成如下实验。

(1) 填空完善函数 MAX、MIN、SUM,计算出数字列表的最大值、最小值及总和。要求:利用 range()函数创建一个整数列表,其中列表起始、终止值从键盘输入,并编写程序调用该函数。

```
def func(list_a):
    print("列表的长度是:",…???…)
    print("最大的数字是:",…???…)
    print("最小的数字是:",…???…)
    print("和是:",…???…)

a=int(input("请输入一个整数列表的起始值:"))
b=int(input("请输入一个整数列表的结束值:"))
list_x=list(…???…)
func(…???…)
```

例如,程序执行结果如图 3-24 所示。

```
========== RESTART: C:\Users\wangm\Desktop\Python\3-6-1.py ==========
请输入一个整数列表的起始值:2
请输入一个整数列表的结束值:19
列表的长度是: 18
最大的数字是: 19
最小的数字是: 2
和是: 189
>>>
```

图 3-24 统计列表的最大值、最小值及总和

(2) 填空完善函数 cube()。要求：创建一个列表，其中列表元素包含 1~N 这 N 个整数的三次方，执行调用函数 cube() 的结果是将每个元素的三次方值打印出来。

```
def cube(l):
…???…
    for c in l:
        print(c)

N = int(input("please in put a number:"))
list_cube = …???…
cube(list_cube)
```

例如，程序执行结果如图 3-25 所示。

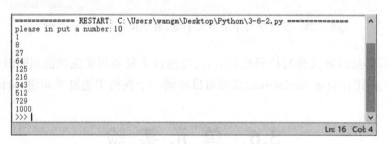

图 3-25　求 N 个整数的三次方值的运算

(3) 编写函数将两个矩阵相加。提示：用列表存储矩阵，首先创建一个新的矩阵 Z，然后使用 for 迭代并取出 X 和 Y 矩阵中对应位置的值，将其相加后放到新矩阵的对应位置中。

例如：

$$X=\begin{bmatrix}1 & 2 & 3\\ 4 & 5 & 6\\ 7 & 8 & 9\end{bmatrix},\quad Y=\begin{bmatrix}2 & 4 & 6\\ 1 & 3 & 5\\ 7 & 8 & 9\end{bmatrix}$$

两矩阵相加的结果如图 3-26 所示。

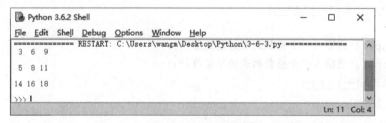

图 3-26　矩阵相加

(4) 编写函数，判断一个多位数是否是回文数。所谓回文数，是指一个像 121、1465641 这样"对称"的数，即将这个数的数字按相反的顺序重新排列后，所得到的数和原来的数一样。如 12345、12312 就不是回文数。

例如，程序执行结果如图 3-27 所示。

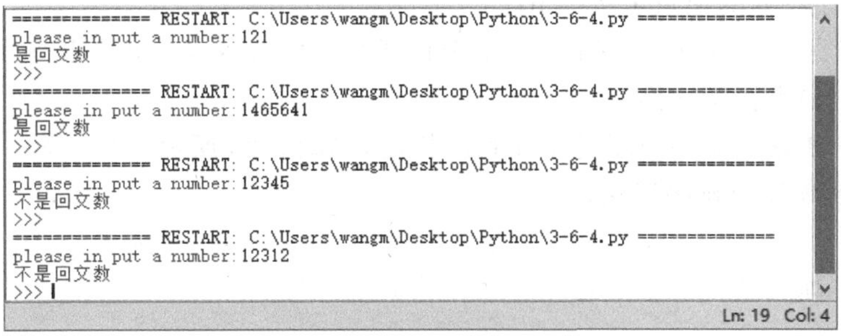

图 3-27　判断回文数

(5) 编写函数,输出 1000 以内的所有完全数。一个自然数如果它的所有真因子(即除了自身以外的约数)的和等于该数,那么这个数就是完全数。例如,6 的真因子有 1、2、3,6＝1＋2＋3,所以 6 是一个完全数。

提示:

① 用 for 循环分别列出 1000 以内所有整数。

② 用每一个整数分别除以比它小的整数,若整除,则记为该整数因子,并将所有因子相加求和,求和后判断和这个整数是否相等,若相等则该整数是完全数。

③ 定义一个空列表,用以储存 1000 以内的完全数。

例如,程序执行结果如图 3-28 所示。

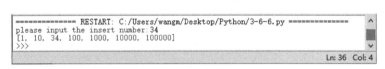

图 3-28　求完全数

(6) 一个已经排好序的列表,从键盘输入一个数字,要求按列表原来的规律将输入的数字插入列表中。提示:首先判断此数是否大于最后一个数,然后再考虑插入中间的数的情况,插入后此元素之后的数依次后移一个位置。

例如,一个有序列表 numlist＝[1,10,100,1000,10000,100000],从键盘输入 34,将其插入有序列表后的结果如图 3-29 所示。

图 3-29　有序列表插入元素

(7) 有 5 个人坐在一起,问第五个人多少岁?他说比第四个人大 2 岁。问第四个人岁数,他说比第三个人大 2 岁。问第三个人,又说比第二人大 2 岁。问第二个人,说比第一个人大 2 岁。最后问第一个人,他说是 10 岁。请问第五个人多大?请编写函数求第五个人的年龄。

(8) 简单选择排序算法是一种典型的交换排序算法,通过交换数据元素的位置进行排序。具体方法是:

① 设所排序序列的记录个数为 n；
② i 取 1,2,…,n－1,从所有 n－i＋1 个记录(a_i,a_{i+1},…,a_n)中找出排序码最小(大)的记录,与第 i(n－i)个记录交换。
③ 执行 n－1 趟后就完成了记录序列的排序,如图 3-30 所示。
编写程序实现简单排序算法。

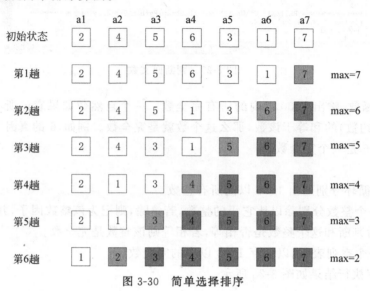

图 3-30 简单选择排序

第 4 章 模 块

4.1 模块的定义、导入与使用

4.1.1 什么是模块

模块是 Python 中一个重要的概念，Python 程序是由一个个模块组成的。其实大家在前面就已经接触到了模块，模块（Module）就是一个以.py 结尾的 Python 文件。模块把一组相关的函数或代码组织到一个文件中。一个模块可以包含可执行的代码、函数、变量或类等对象。

Python 模块分 3 种：自定义模块、内置模块、第三方模块。本节主要介绍自定义模块，下节分别介绍内置模块（也叫标准库）和第三方模块（也称第三方库）。

例如，创建一个名为 myModule.py 的文件，即定义一个名为 myModule 的自定义模块，其中文件名 myModule 为模块名字。在 myModule 模块中定义一个累加求和函数 sum()，并通过"if__name__=='__main__':"语句测试 myModule 模块是否正常。

新建文件 myModule.py，输入如下代码。

```
# 自定义模块 myModule.py
def sum(start,end):
    total=0
    for count in range(start, end+1):
        total=total+count
    return total
if __name__=='__main__':
    print("sum=", sum(1,100))
```

程序的执行结果如图 4-1 所示。

图 4-1　测试自定义模块 myModule

说明：

（1）"if __name__=='__main__':"语句的作用就是当运行 myModule 模块时，Python

解释器把一个特殊变量 __name__ 置为 main,这时 if 判断成立,就执行 print("sum=", sum(1,100))语句;而当 myModule 模块被导入其他文件时,__name__ 等于导入模块的模块名即 __name__ 置为 myModule,这时 if 判断不成立,就不会执行 print("sum=", sum(1,100))语句。

（2）自定义模块名的定义要尽量避免与 Python 的内置模块（即标准库）重名。

4.1.2 模块的导入与使用

1. 模块的导入及使用方法

如果想使用一个模块中的变量、函数或类等对象时,需要先导入该模块。模块的导入语句及使用方法如下。

（1）import...语句

在 .py 文件中通过 import 关键字导入模块,其一般形式为

```
import module1[,module2[,… moduleN]]
```

其中,可以通过使用逗号分隔模块名来实现同时导入多个模块。

例如,语句 import myModule 表示在当前模块中导入模块 myModule。导入模块的实质是,当执行 import myModule 使得指定的模块 myModule 被加载时,Python 解释器会为它创建一个 myModule 实例。创建实例后,就可以用句点表示法来调用模块中定义的任何对象。

导入模块后,如果想使用模块中的任何变量、函数或类等对象,必须以模块名作为前缀才能调用。例如,想调用模块中的函数,其一般形式为

```
module_name.function_name
```

例如,在 call_myModule.py 文件中要导入模块 myModule,就可以在文件最开始的地方用 import 语句来导入。需要注意的是,模块 myModule 和 call_myModule 须在同一目录下。导入后,通过 myModule.sum() 调用 myModule 模块中的 sum() 函数。

新建文件 call_myModule.py,输入如下代码。

```
import myModule
a=int(input("输入起始数："))
b=int(input("输入终止数："))
print("累加求和:",myModule.sum(a,b))      #调用 sum()函数
```

运行结果如图 4-2 所示。

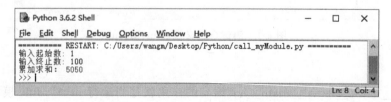

图 4-2　导入 myModule 模块运行结果

Python 中的 import 语句比较灵活,可以置于程序中任意的位置,但最好把导入模块放在代码的开头,因为这和作用域有关系,解释器在执行语句时,遵循作用域原则:如果在顶层导入了模块,它的作用域是全局的;如果在函数内部导入了模块,它的作用域只是局部的,不能被其他函数使用,如果其他函数也需要调用这个模块,还需再次导入。

(2) from…import…语句

如果要经常访问模块中的变量、函数或类等对象,不想一遍又一遍地输入模块名,且不想使用前缀符,那么可以使用 from…import…语句导入模块中指定的对象,其格式为

```
from modname import obj1[,obj2[,…objN]]
```

其中,可以通过使用逗号分隔对象名来实现同时导入多个对象。

例如,在 call_myModule.py 文件中使用 from myModule import sum 语句直接将模块 myModule 中的 sum()函数导入当前模块中,接下来可以直接使用 sum()函数,而不需要使用 myModule.sum()函数。代码如下。

```
from myModule import sum
a=int(input("输入起始数: "))
b=int(input("输入终止数: "))
print("累加求和:", sum(a,b))    #调用 sum()函数
```

(3) from…import * 语句

当然也可以导入模块中所有的变量、类和函数等,其格式为

```
from module_name import *
```

但这种声明建议不要过多地使用,如果需要导入的内容较多,建议选择使用 import 语句导入整个模块。例如,在 call_myModule.py 文件中使用 from myModule import * 语句,直接将模块 myModule 中所有对象导入当前模块中,接下来可以直接用 myModule 中的所有对象。代码如下。

```
from myModule import *
a=int(input("输入起始数: "))
b=int(input("输入终止数: "))
print("累加求和:",sum(a,b))    #调用 sum()函数
```

(4) import…as…语句

导入模块时,如果模块的名字太长,还可以使用关键字 as 指定模块的别名,这样方便在代码中使用模块名,其格式为

```
import modname as anothermodname
```

例如,在 call_myModule.py 文件中要导入模块 myModule 时指定其别名为 m1,因此,通过 m1.sum()调用 myModule 模块中的 sum()函数。代码如下。

```
import myModule as m1
a=int(input("输入起始数: "))
b=int(input("输入终止数: "))
```

```
print("累加求和:",m1.sum(a,b))    #调用sum()函数
```

此外,如果在使用导入模块的变量、类、函数前不太确定其名字,必须先导入该模块,然后通过 dir()函数查看模块中所有的变量名、类名、函数名;也可以使用 help()函数,查看模块的帮助信息。定义一个文件 help.py,代码如下。

```
import  myModule
content=dir(myModule)
print(content)
help(myModule)
```

运行结果如图 4-3 所示。

```
=============== RESTART: C:/Users/wangm/Desktop/Python/help.py ===============
['__builtins__', '__cached__', '__doc__', '__file__', '__loader__', '__name__',
'__package__', '__spec__', 'sum']
Help on module myModule:

NAME
    myModule - # 自定义模块myModule.py

FUNCTIONS
    sum(start, end)
        # 自定义模块myModule.py

FILE
    c:\users\wangm\desktop\python\mymodule.py

>>>
```

图 4-3 dir( )函数和 help( )函数的使用

说明:dir()函数的功能是用来查看对象的成员,使用该函数会输出一个排好序的字符串列表,列表内容是一个模块里定义过的所有变量和函数等。使用 help()函数可以查看模块的帮助信息,如 NAME 模块名、FUNCTIONS 函数名、FILE 模块保存路径等。

2. 模块搜索路径

在 call_myModule.py 文件中要导入 myModule 模块时,要求这两个模块必须在同一目录下。如果它们不在同一目录下,那么 call_myModule.py 文件中使用 import myModule 语句还能导入 myModule 模块吗?

例如,文件 call_myModule.py(目录 C:\~\Desktop\Python\call_myModule.py)与文件 myModule.py(目录"C:\~\Desktop\ myModule.py")不在同一目录下,运行 call_myModule.py 程序文件后会报错,结果如图 4-4 所示。

```
=========== RESTART: C:\Users\wangm\Desktop\Python\call_myModule.py ===========
Traceback (most recent call last):
  File "C:\Users\wangm\Desktop\Python\call_myModule.py", line 1, in <module>
    import myModule
ModuleNotFoundError: No module named 'myModule'
>>>
```

图 4-4 与导入模块不在同一目录下报错

运行结果提示:Python 解释器找不到 myModule 模块。该问题涉及搜索路径这一概念,搜索路径是一个解释器会进行搜索的所有目录的列表。当 Python 解释器遇到 import 语句,Python 解释器就依次从搜索路径中去寻找所引入的模块,如果被导入模块在当前的

搜索路径则会被导入,否则 Python 解释器找不到要导入的模块,就会报错。在 Python 中,搜索路径被存储在 sys 模块中的 path 变量中。如果想知道当前的搜索路径,可以在 shell 命令行输入如下代码,如图 4-5 所示,即可查看 sys.path 列出的搜索路径。

图 4-5　sys.path 列出搜索路径

说明:

(1) sys.path 输出的是一个用逗号隔开的列表,其中第一项代表模块所在的当前目录,其他项均代表默认的搜索路径。

(2) C:\Users\wangm\…\idlelib 等路径中的\在字符串中原本是转义字符,和其他字符结合搭配表示转义(如\n 为回车),因此为了准确描述路径需要用\\来表示\。

然而,要调用的模块如果不在 sys.path 中,则可能调用不成功,import 语句会报错,如图 4-6 所示。

图 4-6　导入模块不在 sys.path 所列出的目录下报错

此时,需要手动将模块路径增加到 sys.path 中。本例中,myModule.py 文件属性如图 4-7 所示,可见其路径为 C:\Users\wangm\Desktop。

图 4-7　sys.path 列出搜索路径

为了在 call_myModule.py 文件中能导入并使用 myModule 模块,可以通过修改 sys.

path 引入不在搜索路径中的模块，修改代码另存为 call_myModule2.py 文件，使用 sys.path.append('目录绝对路径')把新的路径加入 sys 定义的环境变量，这样就多出一条路径可以搜索。代码如下。

```
import sys
sys.path.append('C:\\Users\\wangm\\Desktop')
import myModule
a=int(input("输入起始数："))
b=int(input("输入终止数："))
print("累加求和:",myModule.sum(a,b))
```

运行结果如图 4-8 所示。

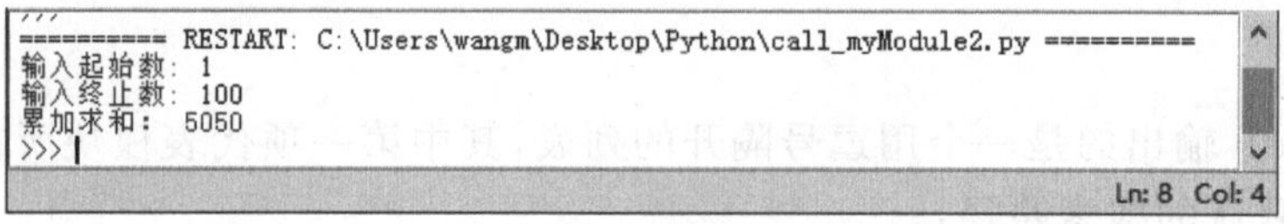

图 4-8 更新导入模块路径运行结果

4.2 包 和 库

库、包和模块这三者之间是一个从大到小的层级关系，一个库中可以包含多个包，一个包中可以包含多个模块，究其本质，这三者都是模块。例如，输入如图 4-9 所示的命令行，会显示 os 库以及 os.path 包的类型实质上都是模块。

图 4-9 库和包的类型都是模块

4.2.1 什么是包

如果两个不同的人编写的模块名相同，都叫 myModule，而这两个重名的模块同时都需要使用，为了避免模块名冲突，Python 引入了包。若干个模块组织在一个目录（文件夹）中就成为一个"包"(Package)。包就是一个包含 __init__.py 文件和 n 个模块或 n 个子包的文件夹，其中，__init__.py 可以是空文件，也可以是 Python 代码（一般为初始化包的代码）文件，但 __init__.py 文件必须存在，否则 Python 就会把这个目录（文件夹）当成普通目录（文件夹），而不是一个包。引入包以后，只要顶层的包名不与别人冲突，那么所有模块都不会与别人冲突。包是一种管理 Python 模块命名空间的形式,采用"点模块名称"。

例如,创建一个 pack 包(即创建一个 pack 文件夹),包目录下创建第一个文件__init__.py,__init__.py 为空,然后创建子包 myPackage1 和 myPackage2,接着在 myPackage1 子包中创建文件__init__.py 和 myModule.py,其中__init__.py 为空,在 myPackage2 子包中创建文件__init__.py 和 myModule.py,其中__init__.py 为空。

由于 myModule.py 模块分别在 myPackage1 包和 myPackage2 包中,因此 myModule 模块的名字就分别变成了 pack.myPackage1.myModule 和 pack.myPackage2.myModule,分别表示一个包 pack 中子包 myPackage1 中的子模块 myModule 和一个包 pack 中子包 myPackage2 中的子模块 myModule。

4.2.2 标准库和第三方库

Python 的特色之一就是具有强大的库。库是具有相关功能模块的集合,在 Python 中库是以包和模块的形式呈现的。Python 的库分为标准库和第三方库。

1. 标准库

Python 的标准库是随着 Python 安装的时候内置到 Python 的安装包中,因此只要安装好 Python 后就能导入并使用标准库,例如 import tkinter。Python 语言的核心只包含数字、字符串、列表、字典、文件等常见类型和函数,而 Python 标准库提供了系统管理、网络通信、文本处理、数据库接口、图形系统、XML 处理等额外的功能。

下面简单介绍几个常用的标准库。

1) 日期和时间库

Python 标准库中包含了 time 库、datetime 库和 calendar 库,用来对日期和时间进行管理。其中,time 库主要用来计时,datetime 库主要用来获取和时间有关的信息,calendar 库主要用来获取日期信息。本章例 4-1 和例 4-2 将详细介绍 time、datetime 和 calendar 库的使用。

2) 数学库

Python 标准库中包含了 decimal 模块和 fractions 模块,分别用来支持高精度浮点数类型和分数类型,弥补了之前 int 和 float 数字类型的不足。数学模块还包含了 random 模块,用于处理随机数相关的功能,如产生随机数、随机取样等。math 模块补充了一些重要的数学常数和数学函数,如 pi、三角函数等。本章例 4-3 将详细介绍 math 库的使用。

3) 系统操作库

os 模块作为 Python 的核心标准库之一,是 Python 与操作系统的接口,该模块可以实现执行操作系统命令、调用操作系统中的文件和目录等一系列强大的基础功能。sys 模块包括了一组非常实用的服务,内含很多函数方法和变量,用来处理 Python 运行时配置以及资源,从而可以与当前程序之外的系统环境交互。第 6、7 章将详细介绍 os 库的使用。

4) GUI 库

Tkinter(又称 Tk 接口)是 Python 的标准 GUI 库。Python 使用 Tkinter 可以快速地创建 GUI 应用程序,本章例 4-4 将详细介绍使用 Tkinter 库开发图形用户界面。IDLE 也是用

Tkinter 编写而成,对于简单的图形界面使用 Tkinter 编程没有问题,对于复杂的图形用户界面开发,本书推荐使用第三方库 PyQt5 及 PyQt5-tools。

2. 第三方库

在标准库以外还存在成千上万并且不断增加的其他模块,即第三方库,就是由其他的第三方机构发布的具有特定功能的模块。第三方库的功能覆盖科学计算、Web 开发、数据库接口、图形系统等多个领域。第三方库需要读者自行下载,推荐读者在 https://pypi.org/网址下载,PyPI(Python Package Index)是 Python 官方的第三方库的仓库,所有人都可以下载第三方库或上传自己开发的库到 PyPI,下载后安装到 Python 的安装目录下才能使用,不同的第三方库的安装及使用方法有所不同,具体安装方法后面将介绍。

下面简单介绍几个常用的第三方库。

1) Python 处理 Excel 数据的库

Python 处理 Excel 数据的库一般包括:xlrd、xlwt、xlutils、openpyxl、xlsxwriter,这 5 个库用法各异,本书优先推荐使用 openpyxl 库。这些库功能用法说明如下。

xlrd 库:读取 Excel 工作表。

xlwt 库:向 Excel 工作表写入数据。

xlutils 库:修改 Excel 工作表的库。

openpyxl 库:可实现对 Excel 文件(仅针对.xlsx 文件)的读写和修改等操作。

xlsxwriter 库:可在 Excel 文件中写入并设置图表的。

本章例 4-5 将详细介绍使用 openpyxl 库实现对 Excel 数据操作。

2) PyQt 库

PyQt 库是最强大的 GUI 库之一,它有 620 多个类和 6000 个函数和方法,是一个跨平台的工具包,可以在所有主要的操作系统(包括 UNIX、Windows、Mac OS)上运行。PyQt 库是开发桌面应用程序一个很好的选择,前面介绍了 Tkinter 是 Python 内置的库,比较轻量便捷,不过需要自己写代码设计 UI,而 PyQt 的一个很大的优点在于可以使用 QT Designer 设计 UI 界面,对于复杂的 UI 界面开发特别适合。本章例 4-6 将详细介绍使用 PyQt5 库及 PyQt5-tools 库开发图形用户界面。

3) Scrapy 库

Scrapy 库是一个为了爬取网站数据、提取结构性数据而编写的应用框架。Scrapy 用途广泛,可以用于数据挖掘、监测和自动化测试等领域。第 10、11 章将详细介绍 Scrapy 库的使用。

4) psutil 库

psutil 库是一个跨平台库,能够轻松地实现获取系统运行的进程和系统利用率,包括 CPU、内存、磁盘、网络等信息。psutil 主要应用于系统监控、性能分析以及进程管理。第 6、7 章将会详细介绍 psutil 库的使用。

5) MySQLdb 库

MySQLdb 库是用于 Python 连接 MySQL 数据库的接口,它可以实现对 MySQL 数据库的各种操作,包括建表、读取表数据、插入数据到表、删除数据、修改数据等。第 8、9 章将详细介绍 MySQLdb 库的使用。

6）Pillow 库

Pillow 库为 Python 解释器添加了图像处理功能，它提供了广泛的文件格式支持，高效的内部表示，以及相当强大的图像处理功能。Pillow 库中最重要的类是 Image，该类存在于同名的模块中；还有一个类为 ImageDraw，用来画图。第 12 章将详细介绍 Pillow 库的使用。

3. 第三方库的安装方法

下面介绍第三方库几种常用的安装方法。

1）pip 方法

pip 方法可以实现网络搜索自动安装，是最主要且简便的安装 Python 第三方库的方法，如果要安装 Python 第三方库，首选 pip 方法。

（1）安装 Python 时，默认将 pip 工具内置到 Python 安装包下 scripts 目录中，如图 4-10 所示。但是，首次使用 pip 方式时，在 cmd 命令中不能直接响应 pip 命令，因此需要在环境变量的 path 路径中增加 Python 安装目录和 scripts 目录，这样就可以识别 pip 命令，如图 4-11 所示。增加 PATH 环境变量，并设置变量值为 C:\Programs\Python\Python36-32\Scripts\。

图 4-10　scripts 目录下 pip 工具

图 4-11　设置 PATH 环境变量

（2）如果执行完（1）后，在 cmd 命令中输入 pip 命令后仍不能响应，同时提示升级 pip，因此需要在 cmd 命令中输入 python -m pip install --upgrade pip，如图 4-12 所示。按回车键,开始升级,稍等片刻,出现如图 4-13 所示的 pip 升级成功的界面即完成升级。

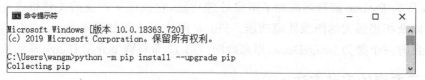

图 4-12　输入 pip 升级命令

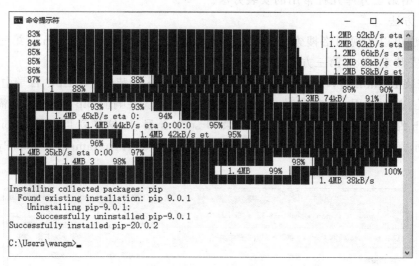

图 4-13　pip 升级成功

(3) 在 cmd 命令中输入 pip 命令,下面列出了常用的 pip 命令。

安装指定的第三方库:

pip install <第三方库名>

使用-U 或者--upgrade 参数更新已安装的第三方库:

pip install - U <第三方库名>

卸载指定的第三方库:

pip uninstall <第三方库名>

下载但不安装指定的第三方库:

pip download <第三方库名>

列出指定的第三方库的详细信息:

pip show <第三方库名>

根据关键词在名称和介绍中搜索第三方库:

pip search <关键词>

列出当前系统已经安装的第三方库:

```
pip list
```

2) whl 文件 pip 方式

下载对应模块 .whl 文件,在 cmd 命令下进入 .whl 文件所在目录,如果 pip 目录未添加到环境变量,最好把 .whl 文件放置到 pip.exe 所在目录(C:\Programs\Python\Python36-32\Scripts\)。安装第三方库时,在 cmd 命令中输入 pip install 库名.whl。

3) .exe 文件自定义安装

下载对应版本的 exe 安装文件,如 numpy-1.9.2-win32-superpack-python2.7.exe,双击 .exe 文件即可进行安装。

4.2.3 包和库的导入与使用

Python 中包和库的导入方式与模块的导入方法是一样的,都需要使用 import 语句。需要注意的是,使用 import 语句导入模块时,最好先导入 Python 标准库模块,然后导入 Python 第三方库模块,最后导入自定义模块。

库和包是模块的合集,如果使用到了库和包里的某些模块,一般情况下需要通过 import packname.modname 导入模块,导入后可通过 packname.modname.funcname(即库或包名.模块名.函数名)来调用相应的函数。为了便于编写程序,也可以通过 from packname.modname import funcname(即 from 库或包名.模块名 import 函数名)直接导入函数,这样使用函数时就不需要再写库或包名.模块名了。如果库里还有包,包里还有子包,那么可以通过 from packname.sonpackname.modname import funcname(即 from 库或包名.包或者子包名.模块名 import 函数名)直接导入函数。

例如,创建一个 pack 目录,目录下包含 3 个文件 __init__.py、mod_1.py 和 mod_2.py。其中,__init__.py 为空;mod_1.py 中定义了一个函数 Func1(),功能是打印"This is func1";mod_2.py 中定义了一个函数 Func2(),功能是打印"This is a Func2"。在和 pack 同一目录下创建一个 callpackage.py 文件,对上面的包进行导入。

新建文件 callpackage.py,使用 import packname.modname 导入模块,用 from packname.modname import funcname 导入包里面的函数等,输入如下代码。

```
#导入包里面模块
import pack.mod_1
pack.mod_1.Fun1()
#导入包里面函数
from pack.mod_2 import Fun2
Fun2()
```

运行结果如图 4-14 所示。

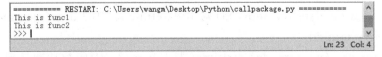

图 4-14 导入包里面模块、函数的运行结果

4.3 精选案例

【例 4-1】 使用标准库 calendar 和 datetime，编程实现：从键盘输入出生的年、月、日，生成输入日期的日历，并分别按照 yy-mm-dd 和 yy/mm/dd 两种格式显示出生的日期。

新建文件 birthday.py，输入如下代码。

```
import  calendar
import  datetime
yy = int(input("输入您出生的年份："))
mm = int(input("输入您出生的月份："))
dd = int(input("输入您出生的日期："))
print("您出生日期的日历:")
print(calendar.month(yy,mm))
print("您出生的年月日:")
print(datetime.date(yy,mm,dd))
print(datetime.date(yy,mm,dd).strftime('%d/%m/%Y'))
```

程序执行结果，如图 4-15 所示。

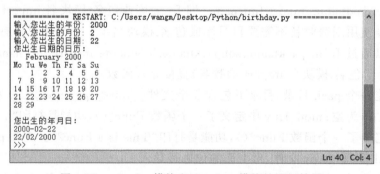

图 4-15 calendar 模块和 datetime 模块的调用结果

说明：

(1) 通过 import calendar 语句导入日历库 calendar，通过 import datetime 语句导入日期时间库 datetime。

(2) 通过 calendar.month(yy,mm) 调用 calendar 库中 month(year,month) 函数，生成输入日期的日历。

(3) calendar.month(year,month,w=2,l=1) 函数功能是返回一个多行字符串格式的年月日历，两行标题，一周一行。每日宽度间隔为 w 字符，每行的长度为 7×w+6，若不指定 w 则 w 默认为 2。l 是每星期的行数，若不指定 l 则默认为 1。

(4) 通过 datetime.date(yy,mm,dd) 调用 datetime 库中的 date(yy,mm,dd)，生成日期，默认格式为 yy-mm-dd。

(5) datetime.date(yy,mm,dd).strftime('%d/%m/%Y') 函数功能是把日期按照给定的的格式 dd/mm/yy 进行格式化。

【例 4-2】 自定义模块 show_time.py,在该模块中定义 now_time()函数输出当前时间,格式是:时:分:秒。然后,自定义模块 call_show_time.py,在该模块中导入并使用 show_time 模块中的 now_time()函数,实现两位朋友之间询问时间的对话。

首先,自定义模块 show_time.py,代码如下。

```
import  time
def now_time():
    nt=time.localtime()
    s=("%2d:%2d:%2d"%nt[3:6])    #指定下标输出时、分、秒
    print(s)
    time.sleep(1)                #休眠 1s
if __name__=='__main__':
    now_time()
```

说明:
(1) 通过 import time 语句导入时间库 time。
(2) 通过 time.localtime()调用 time 模块中的 localtime()函数。
(3) time.localtime()函数的功能是格式化时间戳为本地的时间。
(4) print("%2d:%2d:%2d"%nt[3:6])语句,其中%nt[3:6]表示输出变量 nt,[3:6]用来指定输出下标 3 到 5 的元素,即输出时、分、秒。%2d 用于指定输出格式,意思是将数字按宽度为 2、采用右对齐方式进行输出;若数据位数不到 2 位,则左边补空格。
(5) time.sleep(t)函数的功能是推迟调用线程的运行,参数 t 代表推迟执行的秒数。time.sleep(1)函数代表休眠 1s。

其次,自定义模块 call_show_time.py。

```
import  show_time
a=input("请输入第一位朋友的姓名:")
b=input("请输入第二位朋友的姓名:")
print(a,"说:",b,",我们训练了这么长时间,现在几点了?")
print(b,"说:等等,我看一下,",a,",现在是北京时间:")
show_time.now_time()
```

程序执行结果,如图 4-16 所示。

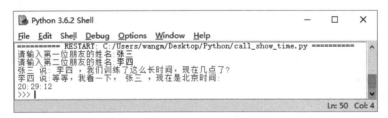

图 4-16　show_time 模块的调用结果

说明:
(1) 通过 import show_time 语句导入自定义模块 show_time。
(2) 通过 show_time.now_time()调用 show_time 模块中的 now_time()函数,输出本

地当前时间。

【例 4-3】 自定义模块 circles.py，在该模块中定义 4 个函数，分别计算圆的周长和面积以及球的表面积和体积（提示：使用标准库 math 中的 pi 常量）。自定义模块 call_show_time.py，在该模块中导入并使用 cirlces 模块中的 4 个函数分别计算圆的周长和面积以及球的表面积和体积。

首先，自定义模块 circles.py，代码如下。

```
import  math
def circumference(radius):
    return 2*math.pi*radius
def area(radius):
    return math.pi*(radius**2)
def sphereSurface(radius):
    return 4.0*area(radius)        #调用函数 area(radius)
def sphereVolume(radius):
    return (4.0/3.0)*math.pi*(radius**3)
```

说明：
（1）通过 import math 语句导入标准库数学模块 math。
（2）通过 math.pi 调用 math 模块中的 pi 常量，即圆周率。

其次，自定义模块 call_show_time.py，代码如下。

```
from circles import circumference,area
a=float(input("请输入圆的半径:"))
print("圆的周长是:%.2f"%circumference(a))
print("圆的面积是:%.2f"%area(a))
from circles import sphereSurface,sphereVolume
c=float(input("请输入球的半径:"))
print("球的表面积是:%.2f"%sphereSurface(c))
print("球的体积是:%.2f"%sphereVolume(c))
```

程序执行结果，如图 4-17 所示。

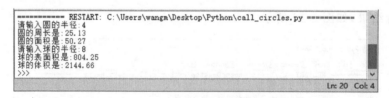

图 4-17 cirlces 模块的调用结果

说明：
（1）使用 from…import…语句可以导入模块中指定的对象，程序中 from circles import circumference,area 语句表示直接将模块 circles 中的 circumference()和 area()函数导入当前文件 call_cirlces.py 中。
（2）程序中可以直接使用 circumference()和 area()函数，而不需要在函数名前加模块名及前缀符号。

【例 4-4】 使用标准库 Tkinter 编程开发一个用户登录界面。

新建文件 user_login.py,输入如下代码。

```
import tkinter
root=tkinter.Tk()
labelName=tkinter.Label(root, text='用户名:',
justify=tkinter.RIGHT, width=80)
labelName.place(x=10, y=5, width=80, height=20)
labelPwd=tkinter.Label(root, text='密码:',
justify=tkinter.RIGHT, width=80)
labelPwd.place(x=10, y=30, width=80, height=20)
entryName=tkinter.Entry(root, width=80)
entryName.place(x=100, y=5, width=80, height=20)
entryPwd=tkinter.Entry(root, show='*',width=80)
entryPwd.place(x=100, y=30, width=80, height=20)
buttonOk=tkinter.Button(root, text='登录')
buttonOk.place(x=30, y=70, width=50, height=20)
buttonCancel=tkinter.Button(root, text='重置')
buttonCancel.place(x=90, y=70, width=50, height=20)
root.mainloop()
```

程序执行结果,如图 4-18 所示。

说明:

(1) tkinter.Tk() 生成主窗口。

图 4-18 使用 Tkinter 库开发登录界面

(2) labelName = tkinter.Label(root,text ='用户名:',justify= tkinter.RIGHT,width=80)创建"用户名"标签;labelName.place(x=10,y=5,width=80,height=20)设置"用户名"标签放置在主窗口中的位置,同理创建"密码"标签并设置其位置。

(3) entryName=tkinter.Entry(root,width=80)创建用户名输入文本框;entryName.place(x=100,y=5,width=80,height=20)设置用户名输入文本框放置在主窗口中的位置,同理创建密码输入文本框并设置其位置。

(4) buttonOk=tkinter.Button(root,text='登录')创建"登录"按钮;buttonOk.place(x=30,y=70,width=50,height=20)设置"登录"按钮放置在主窗口中的位置,同理创建"重置"标签并设置其位置。

(5) root.mainloop()启动消息循环,这是图形用户界面必不可少的组件。

(6) 使用标准库 Tkinter 适合开发简单的图形用户界面,如果需要开发比较复杂的图形用户界面,可选用第三方库 PyQt5 库及 PyQt5-tools 库。

【例 4-5】 使用第三方库 openpyxl,编程实现对如图 4-19 所示的"大学计算机基础成绩.xlsx" Excel 工作簿中 Sheet1 工作表数据的处理,要求根据学生的大学计算机成绩对其评定等级,60 分以下为"不及格",60～69 分为"及格",70～89 分为"良好",90～100 分为"优秀”，并将等级结果写入单元格区域(D3:D14)中，最终将文件保存为“成绩评定.xlsx”。

	A	B	C	D
1	大学计算机基础成绩			
2	学号	姓名	计算机	成绩等级
3	960001	王小萌	69.00	
4	960002	张力华	74.00	
5	960003	冯 红	92.00	
6	960004	马立涛	93.50	
7	960005	田华	91.00	
8	960005	田佳莉	95.00	
9	960006	卢利利	45.00	
10	960006	卢明	97.50	
11	960007	胡龙	83.00	
12	960008	赵炎	92.50	
13	960009	英平	90.00	
14	960010	郝苇	57.00	

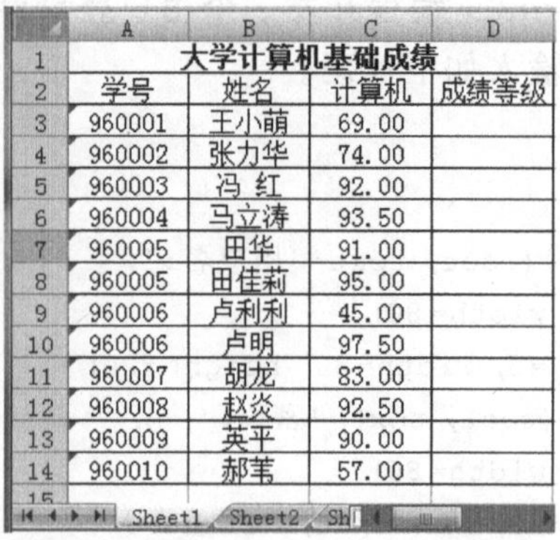

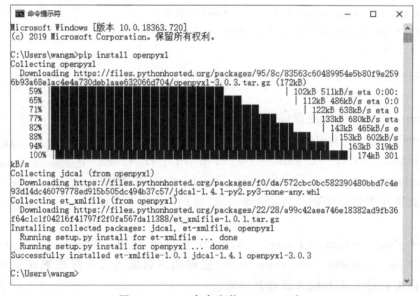

图 4-19 “大学计算机基础成绩.xlsx”工作簿中 Sheet1 工作表

首先，安装 openpyxl 库。

可以使用 pip 方式安装 openpyxl 库。打开 cmd 命令，输入 pip install openpyxl，按回车键后开始安装，稍等片刻出现如图 4-20 所示的界面表示完成安装。

图 4-20 cmd 命令安装 openpyxl 库

其次，导入并使用 openpyxl 库，实现对 Excel 数据操作。新建文件 excel_stucount.py，输入如下代码。

```
import openpyxl
wb=openpyxl.load_workbook("e:\\大学计算机基础成绩.xlsx")
sht=wb['Sheet1']
for i in range(3,15):
    if sht.cell(i,3).value>=80 and sht.cell(i,3).value<=100:
        sht.cell(i,4).value ="优秀"
```

```
    elif sht.cell(i,3).value>=70 and sht.cell(i,3).value<90:
        sht.cell(i,4).value ="良好"
    elif sht.cell(i,3).value>=60 and sht.cell(i,3).value<70:
        sht.cell(i,4).value ="及格"
    else:
        sht.cell(i,4).value ="不及格"
wb.save("e:\\成绩评定.xlsx")
print("已完成成绩评定并保存成功,请查看文件。")
```

程序执行结果,如图 4-21 所示。

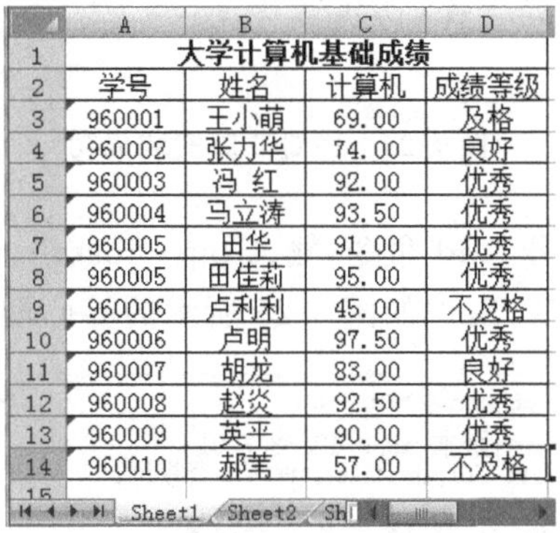

	A	B	C	D
1	大学计算机基础成绩			
2	学号	姓名	计算机	成绩等级
3	960001	王小萌	69.00	及格
4	960002	张力华	74.00	良好
5	960003	冯 红	92.00	优秀
6	960004	马立涛	93.50	优秀
7	960005	田华	91.00	优秀
8	960005	田佳莉	95.00	优秀
9	960006	卢利利	45.00	不及格
10	960006	卢明	97.50	优秀
11	960007	胡龙	83.00	良好
12	960008	赵炎	92.50	优秀
13	960009	英平	90.00	优秀
14	960010	郝苇	57.00	不及格

图 4-21 “成绩评定.xlsx”工作簿中 Sheet1 工作表

说明:

(1) load_workbook("path")函数的功能是导入 Excel 工作簿,其中 path 为 Excel 工作簿所在路径。

(2) wb[sheet_name]或 wb.get_sheet_by_name("sheet_name")函数的功能是获取目标工作表,sheet_name 是当前 Excel 工作簿中的名称为 sheet_name 的工作表。

(3) sht.cell(i,j).value 函数的功能是获取 sht 工作表中的第 i 行、第 j 列的元素的值。

(4) save(filename)函数的功能是写入操作后保存为文件名是 filename 的 Excel 工作簿。

(5) 程序中使用了 if…elif…else 条件语句的嵌套来实现成绩等级评定。

【例 4-6】 使用第三方库 PyQt5 库及 PyQt5-tools 库,编程开发一个用户登录界面。

首先,使用 pip 方式安装 PyQt5 库及 PyQt5-tools 库。具体步骤如下。

(1) 安装 PyQt5,打开 cmd 命令,输入 pip install PyQt5,如图 4-22 所示。按回车键后开始安装,稍等片刻,出现如图 4-23 所示的界面即完成安装。

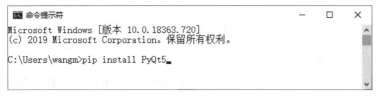

图 4-22 cmd 命令安装 PyQt5 库

图 4-23　PyQt5 库安装成功

（2）安装 PyQt5-tools，打开 cmd 命令，输入 pip install PyQt5-tools，如图 4-24 所示。按回车键后开始安装，稍等片刻，出现如图 4-25 所示的界面即完成安装。

图 4-24　cmd 命令安装 PyQt5-tools 库

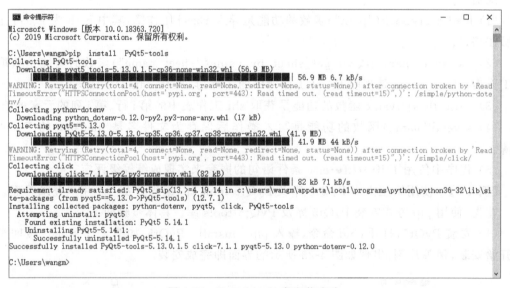

图 4-25　PyQt5-tools 库安装成功

其次，开发用户登录界面。

第一种方法：对于初学者使用 QT Designer 设计图形用户界面比较简单。

（1）使用 QT Designer 设计登录界面。

① 在 Python 安装目录 Lib\site-packages\pyqt5_tools\Qt\bin 路径下有文件 designer.

exe,这个工具可以通过手动拖动控件设计页面,因此可以将其发送到桌面作为快捷方式,然后在桌面双击 ![] 即可打开 QT Designer,如图 4-26 所示,从而创建图形用户界面。也可以通过打开 cmd 命令,输入 designer,从而打开 QT Designer。

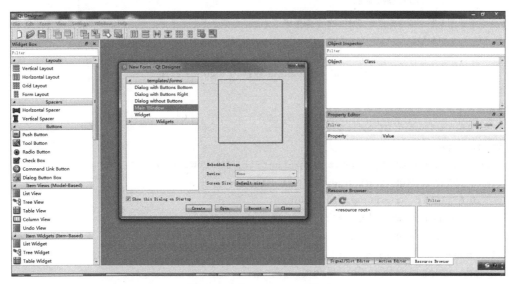

图 4-26　QT Designer 界面

② 打开 QT Designer 后,默认用 MainWindow 创建界面,直接单击 Create 按钮即可创建界面,从左侧工具箱中拖拽两个 label(文本标签)、两个 line Edit(单行文本框)、两个 Push Button(命令按钮)到主窗口,完成用户登录界面设计,如图 4-27 所示,最终将界面保存为 login.ui 文件(路径为 e:/login.ui)。

图 4-27　QT Designer 设计的登录界面

(2) 将 login.ui 转换为 login.py 文件。

打开 cmd 命令,输入"e:"并按回车键后进入 login.ui 文件所在目录(e:/login.ui),然后在 cmd 命令中,输入 pyuic5 -o login.py login.ui 命令,如图 4-28 所示,将 ui 文件转换成 py 文件,方便后续在其他 py 文件中调用。读者可以在 e 盘根目录下生成 login.py 文件。

(3) 运行 py 文件查看界面。

① 生成的 login.py 文件只有定义主窗口及其控件的代码,并没有程序入口的代码。因此,需要另外定义一个 main.py 文件调用"login.py"文件,程序如下。

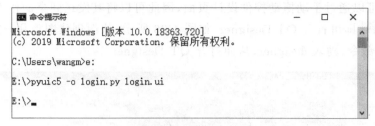

图 4-28 将 login.ui 转换为 login.py 的命令

```
#main.py
from login import Ui_MainWindow
import sys
from PyQt5.QtWidgets import QApplication, QMainWindow
class MyWindow(QMainWindow, Ui_MainWindow):
    def __init__(self, parent=None):
        super(MyWindow, self).__init__(parent)
        self.setupUi(self)
if __name__ == '__main__':
    app = QApplication(sys.argv)
    myWin = MyWindow()
    myWin.show()
    sys.exit(app.exec_())
```

执行 main.py 文件即可查看使用 QT Designer 设计的用户登录界面。文件中通过 from login import Ui_MainWindow 语句导入 login.py 文件中的 Ui_MainWindow 类,如图 4-29 所示。

图 4-29 运行 main.py 查看登录界面

② 如果需要重新设计登录界面,可以重新打开 QT Designer,在 QT Designer 中打开之前保存的 login.ui 文件,重新设计界面并保存,再重复执行步骤(2)将 login.ui 转换为 login.py 即可,而主程序不需要变化。

第二种方法:纯命令行方式开发图形用户界面。

创建一个 test.py 文件,代码如下,然后执行该程序文件,即可生成一个空白窗体。后续界面上需要添加控件都可以通过输入命令实现,这要求编程者能够非常熟练地使用 PyQt5

库开发图形用户界面,读者可通过延展阅读掌握。

```
#test.py
from PyQt5 import QtWidgets, QtGui
import sys
app = QtWidgets.QApplication(sys.argv)
window = QtWidgets.QWidget();
window.show()
sys.exit(app.exec_())
```

4.4 单元实验

请完成如下实验。

(1) 自定义模块1,编写函数,求两个整数的最大公约数。提示:使用辗转相除法求两个整数的最大公约数;然后,自定义模块2,在该模块中导入并使用自定义模块1,求两个整数的最小公倍数,最小公倍数=两个整数的乘积/最大公约数。要求:使用from…import…语句导入自定义模块1中求最大公约数函数。

(2) 大一新生有1班和2班两个班,1班学生的学号为1~41,2班学生的学号为42~84,现在每个班要抽签确定5名学生去参加Linux挑战大赛,请编程完成这个"抽签"的工作。

提示:

① 使用标准库 math 中 random 类中的 randint(start,end)函数,randint(start, end)用于生成一个指定范围内的整数,其中参数 start 是下限,参数 end 是上限,生成的随机数 n,其中 start≤n≤end。

② 编写一个返回值为列表的函数 getId(start,end,count),用于获取参加比赛的学生学号。

(3) 使用第三方库 openpyxl,编程实现对如图 4-30 所示的 Excel 工作簿"学生成绩.xlsx"中 Sheet1 工作表数据的处理,要求统计该班级每位学生成绩的平均分、总分,并且按照总分由高到低顺序对班级学生排名次并最终保存文件。

学号	姓名	计算机	高等数学	外语	平均分	总分	名次
960001	王小萌	69.00	69.00	69.00			
960002	张力华	74.00	66.00	97.00			
960003	冯 红	92.00	56.50	81.00			
960004	马立涛	93.50	79.50	90.50			
960005	田华	91.00	78.00	89.00			
960005	田佳莉	95.00	69.50	98.00			
960006	卢利利	45.00	55.00	60.00			
960006	卢明	97.50	90.00	86.00			
960007	胡龙	83.00	64.50	88.50			
960008	赵炎	92.50	96.00	81.00			
960009	英平	90.00	98.00	81.50			
960010	郝苇	57.00	59.50	60.50			

图 4-30 "学生成绩.xlsx"工作簿中 Sheet1 工作表

(4) 使用第三方库 openpyxl,编程实现对如图 4-30 所示的 Excel 工作簿"学生成绩.xlsx"中 Sheet1 工作表数据的处理,要求分别统计出各门课程最高分、最低分和不及格的人数,并将结果写入单元格区域(J2:L4)中,最终将文件保存为"成绩查询.xlsx"。

(5) 使用标准库 Tkinter,编程开发如图 4-31 所示的大学计算机基础实验考核系统登录界面。

图 4-31　大学计算机基础实验考核系统登录界面

(6) 使用第三方库 PyQt5 库及 PyQt5-tools 库,编程开发如图 4-31 所示的大学计算机基础实验考核系统登录界面。

(7) 使用第三方库 PyQt5 库及 PyQt5-tools 库,编程开发如图 4-32 所示的大学计算机基础实验考核系统中的试题编辑界面。

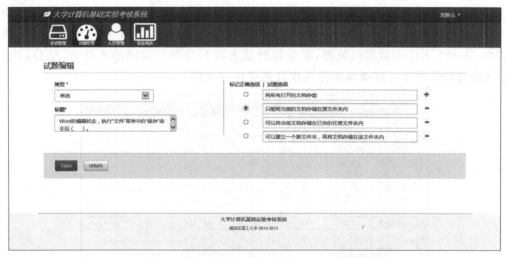

图 4-32　大学计算机基础实验考核系统试题编辑界面

第 5 章　信息表示与加解密

　　加密是以某种特殊的算法改变原有的信息数据,使得未授权的用户即使获得了已加密的信息,但因不知解密的方法,仍然无法了解信息的内容。数据加密是为了提高信息系统和数据的安全性和保密性,防止秘密数据被外部破译而采用的主要的技术手段之一,是计算机系统对信息进行保护的一种可靠方法。

　　原始或未加密的数据称为"明文"。数据加密的过程就是对原来为明文的文件或数据,按某种变换方法进行处理,使其成为不可读的一段代码,来达到保护数据不被非法窃取和阅读的目的。这段不可读的代码只能在输入相应的密钥之后才能显示出本来内容,通常称这段不可读的代码为"密文"。

　　信息的加密、解密过程如图 5-1 所示。

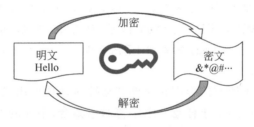

图 5-1　信息的加密、解密

　　简单地讲,数据加密就是将明文转换为密文的过程,加密所采用的变换方法称为加密算法。该过程的逆过程为解密,即将该加密信息转化为其原来数据的过程,解密采用的变换方法称为解密算法。其中,加密、解密的关键是依赖于密钥,通常密钥是由数字、字母或特殊符号组成的字符串。

5.1　加密原理

　　经典加密算法有很多,按照国际上通行的惯例,可以根据双方收发的密钥标准是否相同,将加密算法划分为以下两大类。

　　一类是常规算法(又称私钥加密算法或对称加密算法),其特征是接收方和发送方使用相同的密钥,即加密密钥和解密密钥是相同的或等价的。常规算法主要有 DES 算法、3DES 算法、TDEA 算法、IDEA 算法以及以代换密码和转轮密码为代表的古典密码等。

　　另一类是公钥加密算法(又称非对称加密算法),其特征是接收方和发送方使用的密钥互不相同,而且几乎不可能从加密密钥推导出解密密钥。公钥加密算法主要有 RSA 算法、背包算法、Elgamal、ECC(椭圆曲线加密算法)等。

本章以古典密码——凯撒密码(Caesar's code)为例,介绍一种信息的对称加密体制。

5.1.1 移位密码原理

凯撒密码(Caesar's code)也称为移位加密,作为一种最为古老的对称加密体制,在古罗马的时候就已经非常流行,是一种简单实用的对称加密方式。它的基本思想是:通过把字母移动一定的位数来实现加密和解密。加密是将明文中的所有字母都在字母表上向右(或向左)按照一个固定数目(n)进行偏移后被替换成密文。解密就是加密的逆过程。

位数 n 为移位加密和解密的密钥,n≥1,一般默认加密时向右移位 n 位,密钥为 n,向左移位 n 位,则密钥为一n。

例如,当密钥为 2 时,即对每一个字母向右时移位 2 位,即 A→C,B→D,C→E,以此类推,最后 Y→A,Z→B。简单来说就是当密钥为 n,其中一个待加密字符 ch 加密之后变为字符 ch+n,当 ch+n 超过 Z 时,回到 A 计数。那么,密钥为 2 的明文字母表及对应的密文字母表如下:

明文字母表:A B C D E F G H I J K L M N O P Q R S T U V W X Y Z
密文字母表:C D E F G H I J K L M N O P Q R S T U V W X Y Z A B

例如,明文为 COMPUTER,则经过密钥为 2 的加密运算后,得到的密文为 EQORWVGT;密钥为 3 时,得到的密文为 FRPSXWHU,由此可以看出,输入不同的密钥就会产生不同的加密结果。

我们知道,在计算机中所有的数据在存储和运算时都要使用二进制数表示,而具体用哪些二进制数字表示哪个符号,对于任意一个字符对象集合,不同的人都可设计自己的编码体系,但是为了减少编码体系之间转换的复杂性,提高处理效率,那么大家就必须使用相同的编码规则。例如,英文字符的 ASCII 编码、中国国家标准汉字编码和 Unicode 编码等,这些编码标准统一规定了常用的字母或符号用哪些二进制数来表示,是大家共同使用的标准编码规则。

因为移位密码适用于英文字母和一些符号的加密和解密,必须先了解如何将这些字符转换成二进制数,所以接下来介绍 ASCII 码。

5.1.2 ASCII 码

ASCII 码(美国标准信息交换代码)是由美国国家标准学会(American National Standard Institute,ANSI)制定的标准的单字节字符编码方案。它已被国际标准化组织(International Organization for Standardization,ISO)定为国际标准,称为 ISO 646 标准,适用于所有拉丁文字字母。一个 ASCII 码一般由 8 位二进制组成,实际只使用低 7 位来表示,最高位设置成恒为 0,如图 5-2 所示。

说明:

(1) 8 位 ASCII 码实际只使用低 7 位表示,字符个数为 $2^7=128$ 个,剩余的一半(128

H\L	0000	0001	0010	0011	0100	0101	0110	0111
0000	NUL	DLE	SP	0	@	P	`	p
0001	SOH	DC1	!	1	A	Q	a	q
0010	STX	DC2	"	2	B	R	b	r
0011	ETX	DC3	#	3	C	S	c	s
0100	EOT	DC4	$	4	D	T	d	t
0101	ENG	NAK	%	5	E	U	e	u
0110	ACK	SYN	&	6	F	V	f	v
0111	BEL	ETB	'	7	G	W	g	w
1000	BS	CAN	(	8	H	X	h	x
1001	HT	EM	)	9	I	Y	i	y
1010	LF	SUB	*	:	J	Z	j	z
1011	VT	ESC	+	;	K	[	k	{
1100	FF	FS	,	<	L	\	l	|
1101	CR	GS	-	=	M	]	m	}
1110	SO	RS	.	>	N	↑	n	~
1111	SI	US	/	?	O	←	o	DEL

图 5-2　ASCII 码编码表

个)编码空置留作他用。在 ASCII 码能够表示的字符中，0～31 及 127(共 33 个)是控制字符或通信专用字符，如控制符 LF(换行)、CR(回车)、DEL(删除)等；32～126(共 95 个)是字符，其中 48～57 为 0～9 这 10 个阿拉伯数字，65～90 为 26 个大写英文字母，97～122 为 26 个小写英文字母。

(2) 列标题给出编码中的低 4 位，行标题给出编码的高 4 位(因最高位恒为 0)，一个字符所在行列的低 4 位编码和高 4 位编码组合起来，即为该字符的编码。例如，数字符号 0 的编码为 00110000，对应十进制为 48；大写字母 A 的编码为 01000001，对应十进制为 65；小写字母 a 的编码为 01100001，对应十进制为 97。ASCII 编码表中数字的 ASCII 码与它表示的数值是完全不同的两个概念。

(3) 字符的编码依据一定规则，即 0～9＜A～Z＜a～z。数字符 0 的编码比数字符 9 的编码小，并按 0～9 的顺序递增，字母 A 的编码比字母 Z 的编码小，并按 A～Z 的顺序递增，同一个英文字母，其大写形式的编码比小写形式的编码小 32。

通过前面几章的学习可以知道，字符型数据不能进行算术运算。也就是说，在进行英文字母或字符的加解密时，不能将字符与密钥(n)直接进行运算，所以在移位加密过程中，只需根据 ACSII 码表将要加密的字符找到其对应的 ACSII 码，然后再进行移位运算。

5.1.3　转换函数

Python 语言内置函数 chr()和 ord()提供了字符及其 ASCII 码之间的转换功能。

1. chr( )函数

格式：

chr(<数值表达式>)

说明：该函数的参数是一个整数型数据(int)，其数值表达式的取值范围为 0～255。该函数用于将一个整数转换为一个字符。返回值类型为字符串类型(string)。

例如,在 Shell 中输入 chr(97),结果显示为'a'。

```
>>>chr(97)
'a'
```

2. ord( )函数

格式:

ord('字符串')

说明:该函数的参数是一个字符型数据(string)。该函数用于将字符转化成它对应的整数值。返回值类型为整数型数据类型(int)。

例如,在 Shell 中输入 ord('a'),结果显示为 97。

```
>>>ord('a')
97
```

注意:ord()函数的参数必须为字符型数据,若采用 ord()函数将 ASCII 码中的阿拉伯数字转换为对应的整数值,数字符必须带单引号或双引号。

例如,数字符'2'的 ASCII 码是 00110010,对应的十进制整数是 50,那么函数 ord('2')的计算结果为 50。

```
>>>ord('2')
50
```

5.2 字符串加解密

在进行字符串加解密学习之前,首先介绍单个字符的加解密过程。

5.2.1 单个字符加解密

【例 5-1】 通过键盘输入一个字母,实现移位为 2 的加密,并输出加密结果。

创建文件 encoding.py,代码如下。

```
pla=input("请输入要加密的字母,以回车结束:")
n=2
cip=chr(ord(pla)+n)
print(cip)
```

说明:

(1) 使用 input()函数,获取要加密的字母,并保存在一个字符串变量中。

(2) pla 是 plaintext(明文)的缩写,cip 是 ciphertext(密文)的缩写。

(3) 使用 print() 函数,将加密结果输出。

运行代码,输入任意字母,运行结果如图 5-3 所示。

图 5-3　单个字符加密的运行结果

从运行结果可以看出,当输入的字母为 a~x 或 A~X 的任意字母时,加密结果仍为 26 个字母,但如果输入的字母是 y(Y) 或者 z(Z) 时,输出结果就不再是 26 个英文字母。这是因为在 ASCII 码表,65~90 为 26 个大写英文字母;97~122 为 26 个小写英文字母,加上密钥 n 的值超过了字母的 ASCII 的表示范围,加密结果就会出现其他字符。

如何使加密结果固定在大写字母或小写字母的范围内呢? 这就需要将加密后的字符的 ASCII 码值限定在 65~90(大写英文字母)或 97~122(小写英文字母)内,利用求余运算来完成。

修改文件 encoding.py,代码如下。

```
pla=input("请输入要加密的字母,以回车结束：")
n=2
cip=chr((ord(pla)-ord('a')+n)%26+ord('a'))
print(cip)
```

运行结果如图 5-4 所示。

图 5-4　单个字符循环加密文件的运行结果

上述的加密过程中,密钥是由题目给定,但加密程序应该允许用户设置密钥 n,用一个整数变量表示和存放。

```
n=int(input("请输入密钥："))
pla=input("请输入要加密的字母,以回车结束：")
cip=chr((ord(pla)-ord("a")+n)%26+ord("a"))
print(cip)
```

说明：

（1）int()函数用于数据类型转换,用于将 input()函数返回的字符串类型转化为整数类型。

（2）若大写字母的加密结果同样限定在大写字母中,只需将第三行代码中'a'改为'A'。

运行上述代码,结果如图 5-5 所示。

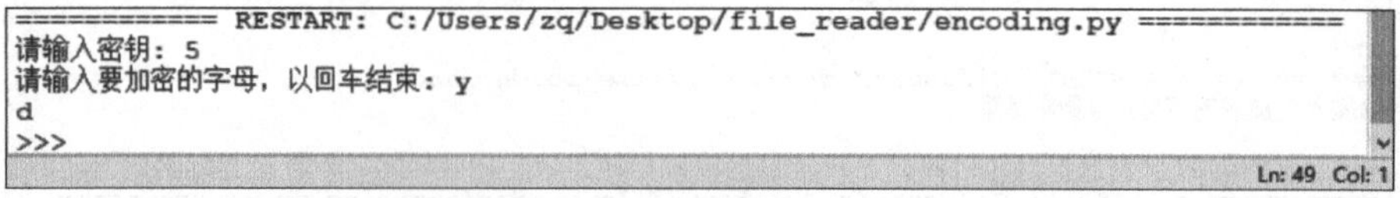

```
============ RESTART: C:/Users/zq/Desktop/file_reader/encoding.py ============
请输入密钥: 5
请输入要加密的字母,以回车结束: y
d
>>>
```

图 5-5 单个字符指定密钥循环解密的运行结果

对于移位加密来说,解密的过程就是按照相反的方向移动 n 位,请自行实现。

5.2.2 字符串加解密概述

【例 5-2】 从键盘中输入字符串 computer,实现密钥为 n 的加密,并输出加密结果。

分析：字符串是由一个个字符组成,在 5.2.1 节学习了如何将单个字符加密,那么字符串的加密需要解决以下几个问题。

1. 获取键盘输入的字符串（英文字母）

使用 input()函数,获取要加密的文字内容,并保存在一个字符串变量中。
代码示例如下。

```
pla=input("请输入要加密的文字,以回车结束:")
```

2. 实现字符串中的每个字符逐个加密

利用列表结构(list)将变量 pla 中的字母存储下来。
代码示例如下。

```
>>>n="abc"
>>>n
'abc'
>>>list=list(n)
>>>list
['a', 'b', 'c']
```

因此,只需将变量 pla 中的字符保存在列表中即可。
代码如下。

```
letter_list=list(pla.lower())
```

说明：

（1）在对输入的字母进行加密和解密的过程,是针对每一个字符分别进行运算,所以需要将字符串变量 pla 中保存的字符串存储到列表结构 list 中(list 是 Python 中内置的数据结构,可直接定义并使用)。

(2) pla.lower()的作用是将变量 pla 中的字符串全部转化为小写字母,方便计算。经过该语句的执行,pla 中的字符串转化为小写字母,并存储在 letter_list 这个列表中。

3. 定义对单个字符进行加密运算的函数

代码如下。

```
def move_letter (letter,n):
    if letter=='':
        return('')
    else:
        return chr((ord(letter)-ord('a')+n)%26+ord('a'))
```

说明:

(1) 自定义函数 move_letter(letter,n)有两个参数,其中 letter 参数表示要进行加密的一个字母,n 表示移位的个数,即密钥。

(2) 第二行和第三行代码是对空格进行处理,如果输入的字符串中包含空格,则不做任何处理,依然输出空格。

4. 定义一个列表,用于存储经过加密后的字符

代码如下。

```
e_list=[]
```

说明:因为尚未开始加密运算,所以一开始该列表为空。

利用 append()函数将加密后的字符加入 e_list 列表中。代码如下。

```
e_list.append()
```

5. 对列表中的每个字母进行加密并组合成新的字符串

使用循环结构,遍历 letter_list 中的每一个字母进行加密运算。利用 letter_list 存储需要加密的字符串,由于要对 letter_list 中的字符进行逐个移位运算,需要使用循环结构对 letter_list 进行遍历。

逐个加密后还需要将列表中的单个字符重新组合成字符串,代码如下。

```
e_letter=''.join(e_list)
```

至此,例 5-2 的问题都已解决,能够实现字符串加密并输出。

例 5-2 实现字符串加密并输出的完整代码如下。

```
def move_letter (letter,n):
    if letter=='':
        return('')
    else:
```

```
        return chr((ord(letter)-ord('a')+n)%26+ord('a'))
n=int(input('请输入密钥:'))
pla=input('请输入要加密的字符串,以回车结束:')
letter_list=list(pla.lower())
e_list=[]
for x in letter_list:
    c=move_letter(x,n)
    e_list.append(c)
e_letter=''.join(e_list)
print("加密后字符串:",e_letter)
```

说明：

(1) join()用于将序列中的元素以指定的字符连接生成一个新的字符串。其语法为

```
str.join(seq)
```

其中,str是分隔符,可以为空;参数seq是要连接的元素序列。

(2) e_letter=".join(e_list)代码是将e_list中的所有元素合并成一个新的字符串,元素之间无分隔符。

运行结果如图5-6所示。

```
============ RESTART: C:/Users/zq/Desktop/file_reader/encoding.py ============
请输入密钥:3
请输入要加密的字符串, 以回车结束:computer
加密后字符串: frpsxwhu
>>>
                                                                  Ln: 22  Col: 10
```

图5-6　字符串加密输出结果

对于移位加密来说,解密的过程就是按照相反的方向移动n位,所以要调用move_letter()函数,只要修改参数即可。

解密过程代码如下。

```
for x in e_list:
    c=move_letter(x,-n)
    d_list.append(c)
d_letter=''.join(d_list)
print("解密后字符串:" d_letter)
```

运行结果如图5-7所示。

```
============ RESTART: C:/Users/zq/Desktop/file_reader/encoding.py ============
请输入密钥:3
请输入要加密的字符串, 以回车结束:computer
加密后字符串: frpsxwhu
解密后字符串:  computer
>>>
                                                                  Ln: 78  Col: 4
```

图5-7　字符串解密输出结果

5.3　文件加解密

至此,已经学完了字符串的加密与解密。接下来,将如何加密保存在文件中的字符串数据并将加密结果保存到新的文件呢?本节将学习如何进行文件的加密与解密。

5.3.1　从文件中读取数据

要使用文本文件中的信息,首先需要将信息读取到内存中。为此,可以一次性地读取文件的全部内容,也可以用每次读取一行的方式逐行读取文件的内容。

1. 读取整个文件

要读取文件,需要一个包含几行文本的文件。下面首先来创建一个文件,创建记事本文件 file.txt 如图 5-8 所示。

图 5-8　文件 file.txt

下面的程序文件 file_reader.py 可以实现打开并读取 file.txt 文件,再将其内容显示在屏幕上,具体代码如下。

```
import os
f=open("file.txt")
contents=f.read()
print(contents)
f.close()
```

说明:

(1) os 模块:使用 import 指令,导入 os 模块。该模块中包含了对文件进行操作(如打开文件、关闭文件、读文件和写文件等)的一些函数,方便使用。

(2) open()函数:要以任何方式使用文件,哪怕是仅仅打印其内容,都要先打开文件。open()就是一个打开文件的函数,该函数接收一个参数即要打开的文件的名称。

这里需要注意,Python 在当前执行的程序所在的目录中查找指定的文件。

当前运行的文件是 file_reader.py,因此 Python 在 file_reader.py 所在的目录中查找文件 file.txt。

但有时可能要打开的文件不在程序文件所属的目录下。这时需要给 Python 提供文件在计算机中的准确位置(绝对文件路径),这样就不用关心当前运行的程序存储在什么地方了。

例如,若将文件 file.txt 保存在绝对路径 D:\qycache\file.txt 下,只需将 open()函数的参数改为该绝对路径即可。修改 file_reader.py,代码如下。

```
import os
f=open("D:\qycache\file.txt")
contents=f.read()
print(contents)
f.close()
```

运行程序,结果如图 5-9 所示。

```
========= RESTART: C:\Users\zq\Desktop\file_reader\file_reader.py =========
Traceback (most recent call last):
  File "C:\Users\zq\Desktop\file_reader\file_reader.py", line 2, in <module>
    f=open("D:\qycache\file.txt")
OSError: [Errno 22] Invalid argument: 'D:\\qycache\x0cile.txt'
>>>
```

图 5-9 文件路径运行报错

说明:运行程序报错。这是因为 Windows 系统在文件路径使用反斜杠(\)而不是斜杠(/),由于在 Python 中反斜杠(\)视为转义标记,为在 Windows 系统中确保万无一失,应采用原始字符串的方式指定路径,即在开头的单引号前加上 r,例如:

```
f=open(r"D:\qycache\file.txt")
```

(3) 在这个程序中,同时调用了 open()和 close()来打开和关闭文件,但这样做时,如果程序存在 bug,导致 close()语句未执行,那么文件将不会关闭,可能导致因未妥善关闭的文件造成数据丢失或文件受损。况且如果在程序中过早地调用 close(),可能导致需要使用文件时它已关闭(无法访问),这会导致更多的错误。所以,为保证文件在恰当的时机关闭,可以使用关键字 with,修改 file_reader.py,代码如下。

```
import os
with open(r"D:\qycache\file.txt") as f:
    contents=f.read()
    print(contents)
```

关键字 with 在不再需要访问文件时将其关闭,即让 Python 去确定文件关闭的时机,也就是只需打开文件,并在需要时使用它,Python 会在合适的时候自动关闭文件。

(4) as f 是为 open()返回的 file.txt 文件对象取一个别名 f。

(5) 有了表示 file.txt 的文件对象后,使用方法 read()读取这个文件的全部内容,并将其作为一个长字符串存储在变量 contents 中。这样,通过打印 contents 的值,就可将这个文本文件的全部内容显示出来。

运行程序,结果如图 5-10 所示。

查看运行结果,发现多出一行空行,这是因为在 read()到达文件末尾时返回一个空字符串,而将这个空字符串显示出来时就是一个空行。要删除末尾的空行,可在 print()语句中使用 rstrip(),修改文件 file_reader.py,代码如下。

```
========= RESTART: C:\Users\zq\Desktop\file_reader\encoding_file.py =========
Hello
Python
World
>>>
```

图 5-10　文件读取运行结果

```
import os
with open(r"D:\qycache\file.txt") as f:
    contents=f.read()
    print(contents.rstrip())
```

现在运行程序,输出结果与原始文件的内容完全相同,如图 5-11 所示。

```
========= RESTART: C:\Users\zq\Desktop\file_reader\encoding_file.py =========
Hello
Python
World
>>>
```

图 5-11　清除文件结尾空行运行结果

2. 逐行读取文件

读取文件时,常常需要检查其中的每一行,或者在进行数据加密时需要逐行读取并进行加密,要以每次读取一行的方式使用文件内容,可对文件对象使用 for 循环或 while 循环。

(1) 使用 for 循环,修改 file_reader.py 文件,代码如下。

```
import os
with open(r"D:/qycache/file.txt ") as f:
    for line in f:
        print(line)
```

运行程序,结果如图 5-12 所示。

```
========= RESTART: C:\Users\zq\Desktop\file_reader\encoding_file.py =========
Hello

Python

World

>>>
```

图 5-12　逐行读取文件后的运行结果

查看运行结果发现,打印的每一行后都有一个空白行,这是因为在这个文件中,每行的末尾都有一个换行符,而 print 语句也会加上一个换行符,因此每行末尾都有两个换行符,一个来自于文件,而另一个来自于 print 语句。要消除这些多余的空白行,可在 print 语句中使用 rstrip(),例如:

```
import os
```

```
with open(r"D:/qycache/file.txt ") as f:
    for line in f:
        print(line.rstrip())
```

现在输出结果与文件内容相同,如图 5-13 所示。

```
========== RESTART: C:\Users\zq\Desktop\file_reader\encoding_file.py ==========
Hello
Python
World
>>>
```

图 5-13 消除行换行后的运行结果

(2) 使用 while 循环,修改 file_reader.py 文件,代码如下。

```
import os
with open(r"D:/qycache/file.txt ") as f:
    line=f.readline().rstrip()
    while line:
        print(line)
        line=f.readline().rstrip()
```

说明:
① 使用 while 循环,循环开始读取第一行数据时,也需要将末尾的换行符去掉。
② readline()用于读取文件的每一行数据,并将其存储在一个列表中。
运行程序,输出结果与文件内容相同,读者可自行验证。

5.3.2 文件加解密概述

学习了如何读取文件中的数据后,接下来就是对读取的数据进行加密,加密方式与字符串的加密方法一样,也是通过调用 move_letter() 函数对字符进行移位加密。不同的是,此时处理的数据是来自文件,下面采用逐行读取文件的方式读取数据。

1. 对读取到的数据进行加密

通过观察可以发现,在上面读文件的代码中,每次读取一行数据,这一行数据是以字符串形式表示的,因此要先将字符串转化为列表存储,然后再对列表中的每一个字符分别使用 move_letter() 函数进行加密即可。

新建文件 encoding_file.py,代码如下。

```
def move_letter(letter,n):
    if letter==' ':
        return(' ')
    else:
        return chr((ord(letter)-ord('a')+n)%26+ord('a'))
n=int(input("请输入密钥:"))
import os
```

```
e_list=[]
import os
with open(r"D:/qycache/file.txt ") as f:
    for line in f:
        letter_list=list(line.rstrip().lower())
        for x in letter_list:
            c=move_letter(x,n)
            e_list.append(c)
        e_letter=''.join(e_list)
        print(e_letter)
        e_list=[]
```

运行结果如图 5-14 所示。

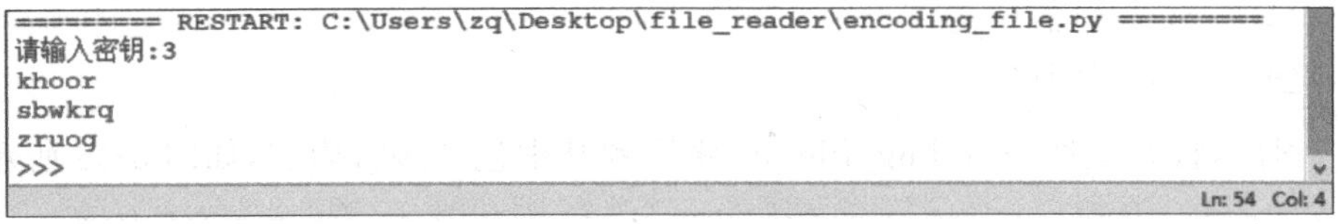

图 5-14 文件加密结果

利用 while 循环也可实现上述加密,读者可自行实现验证。

接下来将学习如何将加密后的数据重新以文件的形式进行保存。

2. 将加密后的数据保存在新的.txt 文件中

要将数据写入文件,需要在调用 open()时提供另一个参数,告诉 Python 将要写入打开的文件。例如:

```
txtName="encoding_file.txt"
f_encode=open(txtName,'w')
```

在这个示例中,调用 open()时提供了两个参数,第一个参数 txtName 是要打开的文件名称;第二个参数'w'是告诉 Python,要以写入(write)模式打开 txtname 文件。

说明:打开文件时,可指定读取模式('r')、写入模式('w')、附加模式('a')或读取加写入模式('r+')。如果省略了模式参数,Python 将默认以读取模式打开文件。如果写入的文件不存在,则函数 open()将自动创建它。但要以写入('w')的模式打开文件时一定要注意,如果指定的文件已经存在,Python 将在返回文件对象前清空该文件。

新建空白文件后,要调用 write()将一个字符串写入文件,写入的结果可以打开写入文件查看验证,例如:

```
txtName="encoding_file.txt"
with open(txtName,'w') as f_encode:
    f_encode.write('hello')
```

运行程序,打开 encoding_file.txt,将看到其中只包含一行内容,如图 5-15 所示。

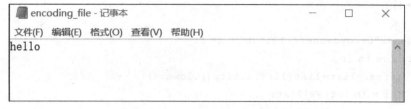

图 5-15　文件写入单行结果

如果要在文件中写入多行，需要在 write() 语句中包含换行符，例如：

```
txtName="encoding_file.txt"
with open(txtName,'w') as f_encode:
    f_encode.write('hello\n')
    f_encode.write('python\n')
    f_encode.write('world\n')
```

运行程序，打开文件 encoding_file.py，将看到其中包含多行内容，如图 5-16 所示。

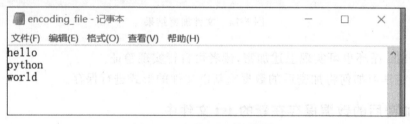

图 5-16　文件写入多行结果

将加密后数据保存在文件中，其本质就是将数据写入一个文件。将加密结果写入文件后，即使关闭程序的输出窗口，这些加密结果也依然存在。

将加密数据写入文件的 write_encoding_file.py 文件的代码如下。

```
def move_letter(letter,n):
    if letter==' ':
        return(' ')
    else:
        return chr((ord(letter)-ord('a')+n)%26+ord('a'))
n=int(input("请输入密钥:"))

import os
e_list=[]
txtName="encoding_file.txt"
with open(txtName,'w') as f_encode:
    with open(r"D:/qycache/file.txt ") as f:
        for line in f:
            letter_list=list(line.rstrip().lower())
            for x in letter_list:
                c=move_letter(x,n)
```

```
            e_list.append(c)
        e_letter=''.join(e_list)
        f_encode.write(e_letter)
        f_encode.write('\n')
        e_list=[]
```

运行结果如图 5-17 所示。

图 5-17 文件加密

文件的解密过程其实就是加密的逆过程,不同之处在于现在要解密的数据是保存在文件中,因此要先读取加密的文件。

文件解密的代码如下。

```
import os
d_list=[]
txtName="dec_encoding_file.txt"
with open(txtName,'w') as f_encode:
    with open(r"D:/qycache/encoding_file.txt ") as f:
        for line in f:
            letter_list=list(line.rstrip().lower())
            for x in letter_list:
                c=move_letter(x,-n)
                d_list.append(c)
            d_letter=''.join(d_list)
            f_encode.write(d_letter)
            f_encode.write('\n')
            d_list=[]
```

运行结果如图 5-18 所示。

图 5-18 文件解密

说明:

(1) d_list=[],初始化一个空的列表,用于存放解密后的字符。

(2) 由于解密的数据存放在 dec_encoding.txt 文件中,所以要先打开加密后的文件,再进行解密。

（3）调用 move_letter()函数,修改函数的密钥参数为-n,上面代码中定义 move_letter()函数并没有体现,请读者自行实现完整的解密程序。

运行结果如图 5-19 所示。

```
>>>
===== RESTART: C:/Users/zq/AppData/Local/Programs/Python/Python36/22.py =====
请输入密钥:3
hello
python
word
>>>
```

图 5-19 文件解密输出

5.4 单元实验

请完成如下实验。

（1）编写一个程序,提示用户输入其姓名;用户做出响应后,将其名字写入文件 name.txt 中。

（2）编写一个程序,实现字符串"Common sense is not so common."的加密和解密,密钥 key 为 8。

（3）置换加密是一种以换位运算实现的加密方法,移位加密也属于置换加密的一种。还可以通过字母起止置换加密表进行置换,或者按照用户指定的置换表进行置换。字母起止置换加密表如图 5-20 所示。

原文	a	b	c	d	e	f	g	h	i	j	k	l	m
密文	z	y	x	w	v	u	t	s	r	q	p	o	n
原文	n	o	p	q	r	s	t	u	v	w	x	y	z
密文	m	l	k	j	i	h	g	f	e	d	c	b	a
原文	A	B	C	D	E	F	G	H	I	J	K	L	M
密文	Z	Y	X	W	V	U	T	S	R	Q	O	O	N
原文	N	O	P	Q	R	S	T	U	V	W	X	Y	Z
密文	M	L	K	J	I	H	G	F	E	D	C	B	A

图 5-20 字母起止置换加密表

编写一个程序,实现逐行读取 file.txt 文件中的数据,并按起止置换加密方法将加密结果保存至 encoding_file.txt 文件中。

（4）编写一个程序,实现字符串"Common sense is not so common."的循环加密和解密,密钥 key 为用户指定。

（5）编写一个程序,利用 while 循环,实现逐行读取 file.txt 文件中的数据并加密,然后将加密结果保存至 encoding_file.txt 文件中。

第 6 章 系统进程管理

进程是可并发执行的程序在一个数据集合上的运行过程，是系统进行资源分配和调度的基本单位。当程序放在内存中运行的时候，每个进程会被动态地分配 CPU、内存等资源。进程由程序段、数据和进程控制块组成。进程控制块是操作系统感知进程的唯一实体，操作系统就是根据进程控制块来对并发执行的进程进行控制和管理的。为了管理进程，用户需要查看所有运行进程及进程所消耗资源、定位个别进程并且对其执行指定操作、改变进程的优先级、终止指定进程等。本章利用 Python，通过操作系统提供的 API 模块（psutil 模块和 OS 模块等）来获取进程的相关信息，并对进程进行管理。

6.1 psutil 模 块

Python 中的 psutil 模块是一个跨平台库，即编写的代码在 Linux、Windows、Mac OS X、FreeBSD 和 Sun Solaris 上都可以运行。利用 psutil 模块能够获取系统运行的进程和系统（包括 CPU、内存、磁盘、网络等）利用率等信息，以此来监控系统运行，分析和限制系统资源及管理进程。psutil 模块实现了同等命令行工具提供的功能，例如 ps、top、lsof、netstat、ifconfig、who、df、kill、free、nice、ionice、iostat、iotop、uptime、pidof、tty、taskset、pmap 等。

6.1.1 psutil 模块的安装

由于 psutil 模块是第三方库，所以使用之前要安装 psutil 模块，根据安装文件的扩展名不同，安装方法有以下两种。

1. 利用 cmd 命令安装 psutil 模块

利用 cmd 命令安装 psutil 模块的方法如下。

（1）利用 cmd 命令打开命令控制窗口，利用 cd 命令进入 scripts 目录，路径一般是 C:\Users\lenovo\AppData\Local\Programs\Python\Python36-32\Scripts（需结合自己本人的计算机（以下简称本机）进行目录调整）。

（2）利用 pip 命令安装 whl 文件。利用 cd 命令进入 scripts 目录后，使用 pip install 命令安装 whl 文件。命令格式：

```
pip install whl 文件路径
```

例如,whl 的文件(需要结合本机的实际字长和 Python 版本下载对应适用的安装包版本)地址在 D 盘根目录下,安装命令为

pip install d:\psutil-5.1.0-cp36-cp36m-win32.whl

安装过程如图 6-1 所示。

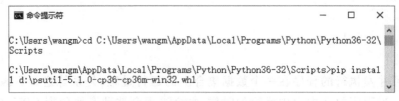

图 6-1　cmd 命令安装 psutil 模块

2. 利用安装程序自动安装

可以利用安装程序自动进行安装。双击 psutil-5.1.0.win32-py3.6.exe(需要选择适合自己计算机及 Python 对应的版本)安装程序,连续单击"下一步"按钮,启动界面如图 6-2 所示,安装完成界面如图 6-3 所示。

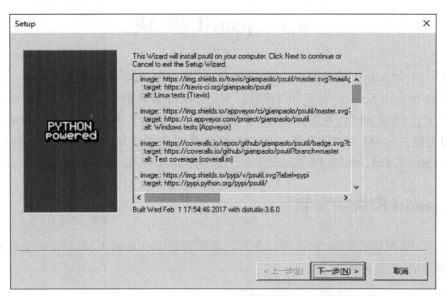

图 6-2　psutil-5.1.0.win32-py3.6 安装启动界面

6.1.2　psutil 模块的使用

psutil 模块不仅可以通过一两行代码实现系统监控,还可以跨平台使用,是系统管理员不可或缺的必备模块。psutil 模块在被使用前必须在相应程序文件中利用 import 引入,其格式为

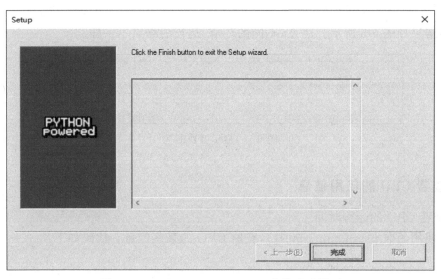

图 6-3　psutil-5.1.0.win32-py3.6 安装完成界面

import psutil

1. 使用 psutil 模块查看用户登录信息和开机时间

1）查看用户登录信息

相关函数为 psutil.users()，可以返回当前登录系统的用户信息。

查看用户登录信息的参考代码如下。

```
>>>import psutil
>>>psutil.users()
```

运行结果如图 6-4 所示。注意，不同的环境，运行的结果不一样。

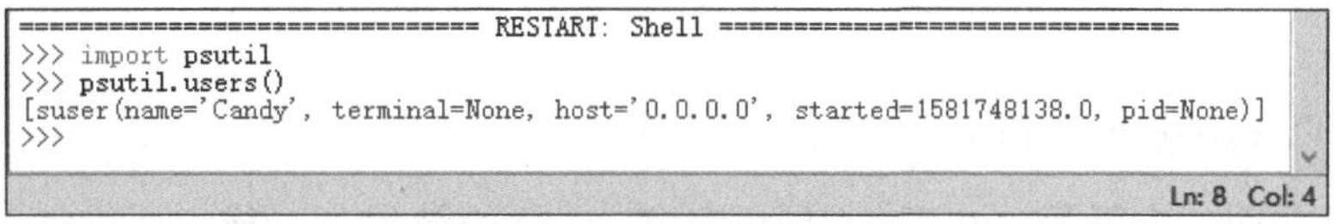

图 6-4　查看用户登录信息

说明：图 6-4 中的 name 为登录系统的用户名，terminal 为终端的数量，host 为主机 IP，started 为计算机的开机时间。

2）查看开机时间

开机时间除了可以通过 psutil.users() 函数查看外，还可以使用函数 psutil.boot_time() 查看，其作用是获取开机时间。使用 psutil.boot_time() 函数，首先要引入 time 模块，即：

import time

显示开机时间的参考代码如下。

```
>>>import time
```

第 6 章　系统进程管理

```
>>>psutil.boot_time()
```

运行结果如图 6-5 所示。注意,不同的环境,运行的结果不一样。

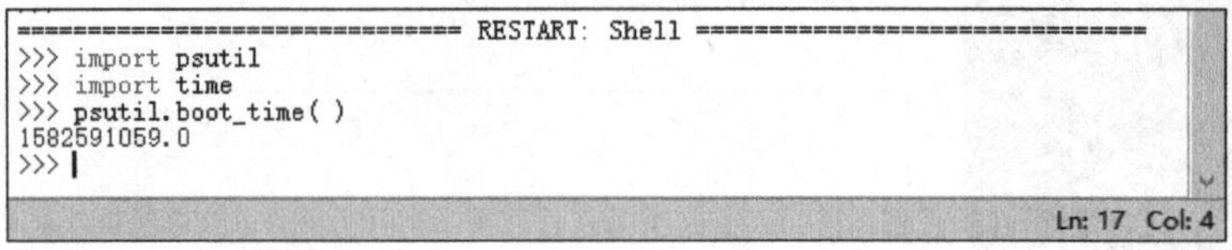

============================== RESTART: Shell ==============================
>>> import psutil
>>> import time
>>> psutil.boot_time( )
1582591059.0
>>>
Ln: 17 Col: 4

图 6-5 显示开机时间

2. 查看 CPU 的使用信息

1) 查看 CPU 的运行时间

可以使用函数 psutil.cpu_times(),获取 CPU 的某些信息。代码如下。

```
>>>psutil.cpu_times()
```

运行结果如图 6-6 所示。注意,不同的环境,运行的结果不一样。

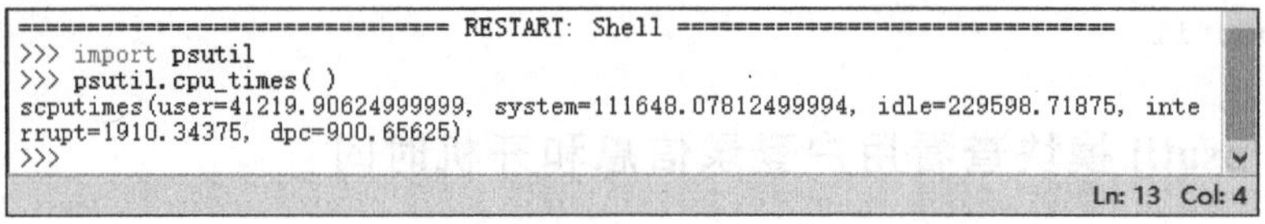

============================== RESTART: Shell ==============================
>>> import psutil
>>> psutil.cpu_times( )
scputimes(user=41219.90624999999, system=111648.07812499994, idle=229598.71875, inte
rrupt=1910.34375, dpc=900.65625)
>>>
Ln: 13 Col: 4

图 6-6 获取的 CPU 信息

说明:图 6-6 中 user 为执行用户进程所花费的时间,system 为执行内核进程所花费的时间,idle 为 CPU 空闲时间,interrupt 为服务硬件中断所花费的时间,dpc 为服务延迟过程调用所花费的时间。

2) 查看用户程序的 CPU 时间比

可以使用函数 psutil.cpu_times().user,返回所有用户程序执行所用的时间。代码如下。

```
>>>psutil.cpu_times().user
```

运行结果如图 6-7 所示。注意,不同的环境,运行的结果不一样。

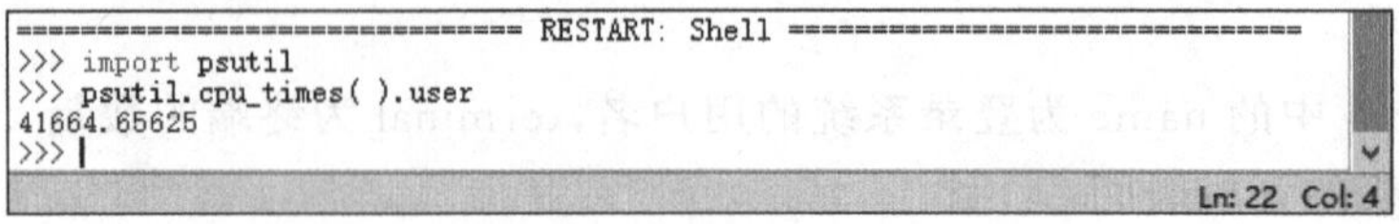

============================== RESTART: Shell ==============================
>>> import psutil
>>> psutil.cpu_times( ).user
41664.65625
>>>
Ln: 22 Col: 4

图 6-7 查看用户程序的 CPU 时间比

3. 查看 CPU 的逻辑个数、物理个数

函数 psutil.cpu_count()可以获取 CPU 的逻辑个数。

函数 psutil.cpu_count(logical=False)可以获取 CPU 的物理个数,默认 logical 值为 True。

参考代码如下。

>>>psutil.cpu_count()
>>>psutil.cpu_count(logical=False)

运行结果如图 6-8 所示。注意,不同的环境,运行的结果不一样。

图 6-8　查看 CPU 的逻辑个数、物理个数

4. 查看 CPU 的使用率

函数 cpu_percent()可以获取 CPU 使用率。它有两个参数,分别是 interval 和 percpu。其中,interval 指定计算 CPU 使用率的时间间隔,当 interval>0.0 时,返回的是在这段时间内 CPU 的使用率,当 interval=0.0 或者是 None 时,系统在调用此模块后,还没来得及运行就立即返回了,返回的是没有任何意义的 0,为避免这种情况,调用这个模块时间至少为 0.1s;percpu 指定选择总的 CPU 的使用率还是每个 CPU 的使用率,当 percpu 的值为 True 时,则返回的是一个列表,里面包含每个 CPU 在该段时间内的 CPU 使用率。

【例 6-1】　计算在 1s 这个时间段内 CPU 的使用率,每秒刷新一次,累计 10 次。

使用 cpu_percent()函数,参考代码如下。

```
import psutil
for x in range(10):
    print(psutil.cpu_percent(interval=1))
```

运行结果如图 6-9 所示。注意,不同的环境,运行的结果不一样。

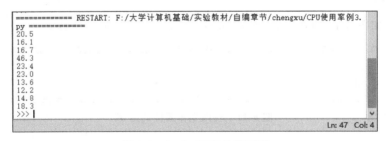

图 6-9　1s 内 CPU 的使用率

【例 6-2】　计算每个 CPU 在时间段 1s 内的 CPU 使用率。

使用 cpu_percent()函数,参考代码如下。

```
L=[ ]          #定义一个空列表
for x in range(10):
```

```
L=psutil.cpu_percent(interval=1,percpu=True)
print(L)
```

运行结果如图 6-10 所示。注意,不同的环境,运行的结果不一样。

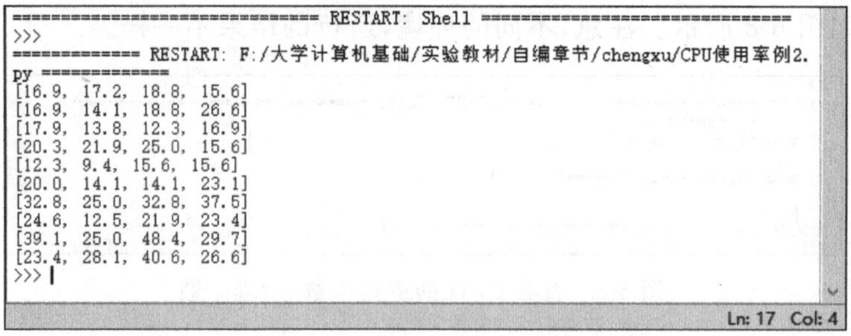

图 6-10　每个 CPU 在 1s 内的使用率

6.2　OS 模 块

　　Python 编程时,经常和文件、目录打交道,所以离不了 OS 模块,OS 模块是 Python 标准库中一个用于访问操作系统功能的模块。OS 模块提供了一种可移植的方法来使用操作系统的功能。当 OS 模块被导入后,它会自适应于不同的操作系统平台,根据不同的平台进行相应的操作。在 OS 模块中提供了一系列访问操作系统功能的接口,使用 OS 模块中提供的接口,可以实现跨平台访问。例如,在使用 OS 模块的时候,如果需要获取系统的名字,可以使用 os.name 获取抛入这个模块的系统的名称,程序运行后返回'nt',说明系统是在 Windows 平台上运行的程序;如果返回的是'posix',则说明系统是在 Linux、UNIX 或 Mac OS X 平台上运行的程序。参考代码如下。

```
>>>import os
>>>os.name
```

运行结果如图 6-11 所示。注意,不同的环境,运行的结果不一样。

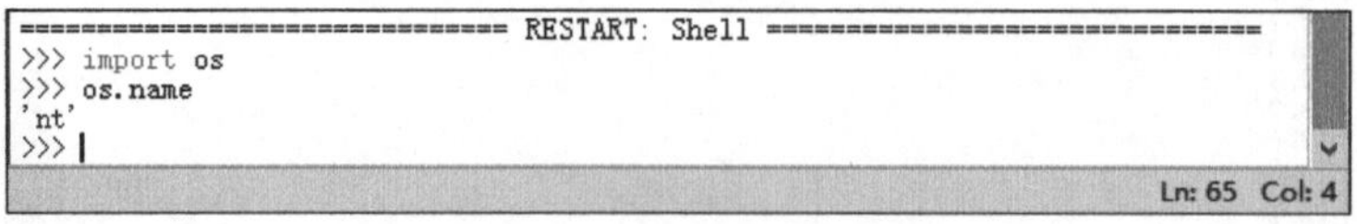

图 6-11　获取操作系统的名字

　　又如,在操作系统中定义的环境变量全部保存在 os.environ 变量中,可以直接查看,os.environ 的返回值是环境变量的字典。参考代码如下。

```
>>>import os
>>>os.environ
```

运行结果如图 6-12 所示。注意,不同的环境,运行的结果不一样。

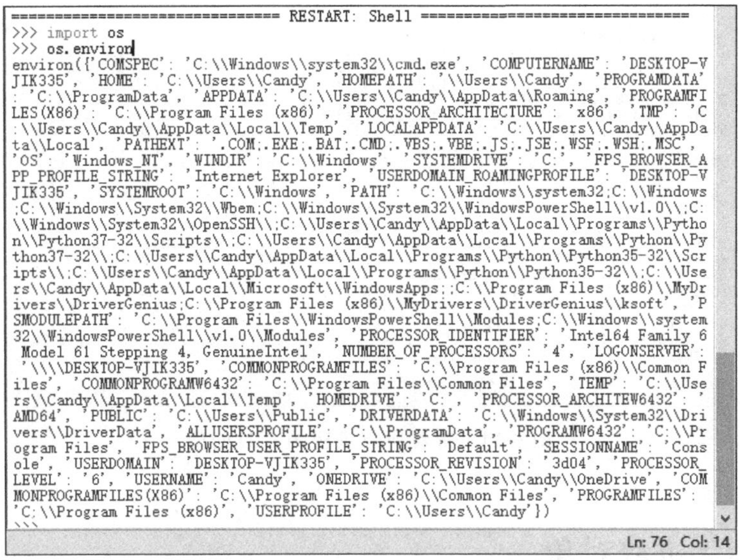

```
============================== RESTART: Shell ==============================
>>> import os
>>> os.environ
environ({'COMSPEC': 'C:\\Windows\\system32\\cmd.exe', 'COMPUTERNAME': 'DESKTOP-V
JIK335', 'HOME': 'C:\\Users\\Candy', 'HOMEPATH': '\\Users\\Candy', 'PROGRAMDATA'
: 'C:\\ProgramData', 'APPDATA': 'C:\\Users\\Candy\\AppData\\Roaming', 'PROGRAMFI
LES(X86)': 'C:\\Program Files (x86)', 'PROCESSOR_ARCHITECTURE': 'x86', 'TMP': 'C
:\\Users\\Candy\\AppData\\Local\\Temp', 'LOCALAPPDATA': 'C:\\Users\\Candy\\AppDa
ta\\Local', 'PATHEXT': '.COM;.EXE;.BAT;.CMD;.VBS;.VBE;.JS;.JSE;.WSF;.WSH;.MSC',
'OS': 'Windows_NT', 'WINDIR': 'C:\\Windows', 'SYSTEMDRIVE': 'C:', 'FPS_BROWSER_A
PP_PROFILE_STRING': 'Internet Explorer', 'USERDOMAIN_ROAMINGPROFILE': 'DESKTOP-V
JIK335', 'SYSTEMROOT': 'C:\\Windows', 'PATH': 'C:\\Windows\\system32;C:\\Windows
;C:\\Windows\\System32\\Wbem;C:\\Windows\\System32\\WindowsPowerShell\\v1.0\\;C:
\\Windows\\System32\\OpenSSH\\;C:\\Users\\Candy\\AppData\\Local\\Programs\\Pytho
n\\Python37-32\\Scripts\\;C:\\Users\\Candy\\AppData\\Local\\Programs\\Python\\Py
thon37-32\\;C:\\Users\\Candy\\AppData\\Local\\Programs\\Python\\Python35-32\\Scr
ipts\\;C:\\Users\\Candy\\AppData\\Local\\Programs\\Python\\Python35-32\\;C:\\Use
rs\\Candy\\AppData\\Local\\Microsoft\\WindowsApps;;C:\\Program Files (x86)\\MyDr
ivers\\DriverGenius;C:\\Program Files (x86)\\MyDrivers\\DriverGenius\\ksoft', 'P
SMODULEPATH': 'C:\\Program Files\\WindowsPowerShell\\Modules;C:\\Windows\\system
32\\WindowsPowerShell\\v1.0\\Modules', 'PROCESSOR_IDENTIFIER': 'Intel64 Family 6
 Model 61 Stepping 4, GenuineIntel', 'NUMBER_OF_PROCESSORS': '4', 'LOGONSERVER':
 '\\\\DESKTOP-VJIK335', 'COMMONPROGRAMFILES': 'C:\\Program Files (x86)\\Common F
iles', 'COMMONPROGRAMW6432': 'C:\\Program Files\\Common Files', 'TEMP': 'C:\\Use
rs\\Candy\\AppData\\Local\\Temp', 'HOMEDRIVE': 'C:', 'PROCESSOR_ARCHITEW6432': '
AMD64', 'PUBLIC': 'C:\\Users\\Public', 'DRIVERDATA': 'C:\\Windows\\System32\\Dri
vers\\DriverData', 'ALLUSERSPROFILE': 'C:\\ProgramData', 'PROGRAMW6432': 'C:\\Pr
ogram Files', 'FPS_BROWSER_USER_PROFILE_STRING': 'Default', 'SESSIONNAME': 'Cons
ole', 'USERDOMAIN': 'DESKTOP-VJIK335', 'PROCESSOR_REVISION': '3d04', 'PROCESSOR_
LEVEL': '6', 'USERNAME': 'Candy', 'ONEDRIVE': 'C:\\Users\\Candy\\OneDrive', 'COM
MONPROGRAMFILES(X86)': 'C:\\Program Files (x86)\\Common Files', 'PROGRAMFILES':
'C:\\Program Files (x86)', 'USERPROFILE': 'C:\\Users\\Candy'})
>>>
```


图 6-12　查看操作系统中的环境变量

要获取某个环境变量的值，可以调用函数 os.environ.get('key')，其中 key 是 os.environ 返回值字典中的键，如果有这个键，则函数 os.environ.get('key')返回对应键的值；如果没有这个键值，则返回 none。获取某个环境变量值的参考代码如下。

```
>>>import os
>>>os.environ.get("COMPUTERNAME")
```

运行结果如图 6-13 所示。注意，不同的环境，运行的结果不一样。

```
>>> import os

>>> os.environ.get("COMPUTERNAME")
'DESKTOP-GQ2MHI5'
>>>
```


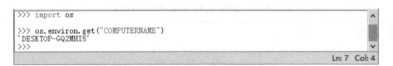

图 6-13　查看某个环境变量的值

6.3　进 程 信 息

6.3.1　查看系统全部进程的 PID

函数 psutil.pids()的返回值为列表类型，列表元素为进程的 PID。不妨令 pids= psutil.pids()。每个进程只有唯一的 PID，操作系统就是根据 PID 的值操作和控制进程的。

参考代码如下。

```
>>>psutil.pids()
```

运行结果如图 6-14 所示。注意，不同的环境，运行的结果不一样。

```
>>> import psutil
>>> psutil.pids()
[0, 4, 120, 428, 800, 900, 96, 292, 728, 772, 896, 1084, 1128, 1356, 1364, 1372,
1380, 1480, 1488, 1544, 1668, 1708, 1716, 1868, 1884, 1924, 1964, 1984, 1508, 2
156, 2240, 2372, 2384, 2416, 2484, 2512, 2528, 2536, 2592, 2724, 2772, 2804, 287
2, 3020, 3028, 2284, 2312, 2616, 3212, 3396, 3420, 3532, 3608, 3704, 3788, 3860,
 3912, 3964, 4120, 4144, 4204, 4324, 4336, 4376, 4384, 4392, 4408, 4448, 4492, 4
516, 4540, 4572, 4580, 4672, 4688, 4708, 4720, 4728, 4756, 4776, 4800, 4824, 485
6, 4924, 4968, 4976, 5444, 5528, 6024, 6112, 6220, 6392, 7188, 7348, 7448, 7696,
 8100, 8144, 7840, 8304, 8676, 8232, 4484, 6824, 9456, 10096, 10536, 11736, 1208
4, 13352, 14436, 4224, 13072, 14724, 9076, 11536, 8688, 2992, 11124, 2340, 1640,
 6708, 4656, 9544, 5784, 15760, 6196, 6568, 4112, 9956, 5744, 8628, 16056, 17612
, 19956, 3372, 5460, 16996, 7028, 14324, 26336, 26424, 25108, 14892, 21032, 2820
8, 18560, 27312, 28624, 27560, 25820, 24044, 6060, 10388, 19300, 13420, 23248, 2
6320, 5320, 15752, 8352, 10112, 9184, 1404, 80, 16312, 27000, 24080, 22488, 2864
4, 6816, 2080, 25780, 26464, 28424, 27176, 18780, 13688, 21128, 26300, 22596, 21
592, 13600, 24292, 25544, 10736, 25284, 25864, 14720, 19672, 2348, 23524, 3768,
26564, 9132, 21880, 10444, 26704, 23460, 26412, 25852, 25020, 11000, 1562
0, 26800, 16632, 16228, 15860, 9344, 19168, 24200, 26916, 27148, 12464, 9376, 22
492, 15264, 13040, 25748, 7756, 14264, 20788, 19964, 28496, 8508, 24420, 15424,
24704, 21476, 23804, 25320, 26280, 24164, 7824, 19364, 21696, 11336, 21792, 1928
8, 19592, 25044, 24712, 23472, 6744, 13528, 25584]
>>>
```

图 6-14 查看所有进程的 PID 的值

6.3.2 实例化进程对象

根据 6.3.1 节中得到的列表中进程的 PID,可以查看单个进程的信息,如进程名称、进程状态信息等。函数 psutil.Process(PID)可以通过进程的 PID 获取进程信息。例如,系统现有一个进程的 PID 为 11000,则可用 psutil.Process(11000)获取对应进程的信息,参考代码如下。

```
p=psutil.Process(11000)
```

相关查看进程信息的成员函数如表 6-1 所示。

表 6-1 查看进程信息的成员函数

成 员 函 数	说　　明
p.name()	进程名称
p.cwd()	进程的工作目录绝对路径
p.status()	进程状态
p.memory_info().rss	进程占用内存的情况
p.create_time()	进程创建时间
p.cpu_times()	进程 CPU 时间
p.memory_percent()	进程内存利用率
p.io_counters()	进程 I/O 信息,包括读写 I/O 及字节数
p.connections()	返回打开进程 socket 的 namedutples 列表
p.num_threads()	进程开启的线程数

执行结果如图 6-15 所示。

```
>>> p= psutil.Process(11000)
>>> p.name()
'IAStorIcon.exe'
>>> p.cwd()
'C:\\WINDOWS\\System32'
>>> p.status()
'running'
>>> p.memory_info().rss
27283456
>>> p.create_time()
1585101955.0

>>> p.cpu_times()
pcputimes(user=0.125, system=0.1875, children_user=0, children_system=0)

>>> p.memory_percent()
0.32494616752801875
>>> p.io_counters()
pio(read_count=96, write_count=10, read_bytes=223503, write_bytes=820)
>>> p.connections()
[]
>>> p.num_threads()
5
>>>
```

Ln: 114 Col: 4

图 6-15 进程 ID11000 的相关信息

【例 6-3】 编程实现类似任务管理器中的功能。

参考代码如下。

```
import psutil
pids =psutil.pids()
print("%-12s%-23s%-16s%-16s%13s%14s" %("PID","进程名","进程状态","进程内存使用情况","进程创建时间","进程内存使用率",))
for pid in pids:
    p =psutil.Process(pid)
    print("%-12d%-26s%-20s%-20s%20d%16f"
          %(pid,p.name(),p.status(),p.memory_info().rss,
          p.create_time(),p.memory_percent()))
```

运行结果如图 6-16 所示。注意,不同的环境,运行的结果不一样。

```
=============== RESTART: C:/Users/wangm/Desktop/processing.py ===============
PID         进程名                  进程状态        进程内存使用情况            进程创建时间      进程内存使用率
0           System Idle Process     running         8192                      1585525794        0.000098
4           System                  running         20480                     1585525794        0.000244
120         Registry                running         34340864                  1585525793        0.409000
612         smss.exe                running         323584                    1585525801        0.003854
816         csrss.exe               running         2265088                   1585525804        0.026977
916         wininit.exe             running         651264                    1585525806        0.007757
228         services.exe            running         6250496                   1585525806        0.074443
372         lsass.exe               running         13492224                  1585525806        0.160692
752         svchost.exe             running         1118208                   1585525806        0.013318
704         svchost.exe             running         19116032                  1585525806        0.227672
8           fontdrvhost.exe         running         446464                    1585525806        0.005317
1096        svchost.exe             running         13516800                  1585525806        0.160985
1144        svchost.exe             running         3895296                   1585525806        0.046393
1360        svchost.exe             running         1925120                   1585525806        0.022928
1368        svchost.exe             running         2105344                   1585525806        0.025075
1376        svchost.exe             running         3555328                   1585525806        0.042344
1384        svchost.exe             running         3772416                   1585525806        0.044930
1424        svchost.exe             running         4648960                   1585525806        0.055369
1432        svchost.exe             running         4485120                   1585525806        0.053418
1600        svchost.exe             running         8822784                   1585525806        0.105079
1680        svchost.exe             running         2113536                   1585525806        0.025172
1692        svchost.exe             running         3010560                   1585525806        0.035856
1788        svchost.exe             running         5353472                   1585525806        0.063760
1876        svchost.exe             running         2650112                   1585525806        0.031563
1892        svchost.exe             running         10153984                  1585525806        0.120934
1948        svchost.exe             running         3993600                   1585525806        0.047564
1960        svchost.exe             running         1536000                   1585525806        0.018294
2052        svchost.exe             running         5361664                   1585525806        0.063857
2060        svchost.exe             running         3932160                   1585525806        0.046832
2076        igfxCUIService.exe      running         2080768                   1585525806        0.024782
2168        svchost.exe             running         3657728                   1585525807        0.043564
2196        WUDFHost.exe            running         1941504                   1585525807        0.023123
2344        svchost.exe             running         2637824                   1585525807        0.031417
2452        NVDisplay.Container.exe running         5599232                   1585525807        0.066687
2472        svchost.exe             running         11464704                  1585525807        0.136545
2504        svchost.exe             running         7348224                   1585525807        0.087517
2576        svchost.exe             running         2551808                   1585525807        0.030392
2648        svchost.exe             running         4960256                   1585525807        0.059077
2688        qmbsrv.exe              running         495616                    1585525807        0.005903
```

Ln: 490 Col: 4

图 6-16 实现类似任务管理器中的功能

6.3.3 创建、撤销进程

但凡是硬件,都需要由操作系统来管理。只要有操作系统就有进程的概念,就需要有创建进程的方式。进程创建是操作系统执行程序的需要,用户或进程执行中也可能要求创建一个新的进程。进程在执行过程中有可能创建多个新的进程,创建进程的进程称为父进程,而新的进程称为子进程。而进程执行完最后语句时会请求操作系统删除自身,这时进程终止。所以对于操作系统来说,需要有系统运行过程中创建或撤销进程的能力。

1. 创建进程

创建进程主要有以下 4 种方式。
(1) 系统初始化。
(2) 一个进程在运行过程中开启了子进程。
(3) 应用户的交互式请求而创建一个新进程(如用户双击暴风影音)。
(4) 一个批处理作业的初始化(只在大型机的批处理系统中应用)。

无论是哪一种,新进程的创建都是由一个已经存在的进程执行了一个用于创建进程的系统调用而创建的。

2. 撤销进程

撤销进程即进程退出的方式有 4 种。
(1) 正常退出(自愿,如用户单击交互式页面的叉号,或者程序执行完毕发起系统调用正常退出,在 Linux 中用 exit,在 Windows 中用 ExitProcess)。
(2) 出错退出(自愿,如 python a.py 文件中 a.py 不存在)。
(3) 严重错误(非自愿,执行非法指令,如引用不存在的内存、I/O 等,可以用 try…except…捕捉异常)。
(4) 被其他进程终止(非自愿)。

3. 利用 OS 模块创建和撤销进程

创建进程、撤销进程都涉及 OS 模块,OS 模块为 Python 内置包,用时需要使用 import os 导入该模块。

本节使用函数 os.system(command)调用 exe 文件创建进程,command 可以是 exe 文件存储位置的绝对路径或者是此 exe 文件名,如创建一个记事本进程可以用 notepad.exe 文件的绝对路径:

os.system('C:\\Windows\\System32\\notepad.exe')

也可以只使用此文件名:

os.system('notepad.exe')

说明:os.system()函数可以将字符串转化成命令在系统上运行,其原理是每一条 system()函数执行时,都会创建一个子进程在系统上执行命令行,子进程的执行结果无法影响主进程。

函数 os.system(command)的返回值有 3 个：0(成功,默认省略),1(失败),2(错误)。

【例 6-4】 以记事本程序 notepad.exe 为例,如果当前进程中没有进程名为 notepad.exe 的进程,则创建此进程,使用 os.system()函数创建进程。

参考代码如下。

```
pids=psutil.pids()              #psutil.pids()返回值为列表
p_name=[]                       #用列表 p_name 存储所有进程名称
for x in pids:
    p=psutil.Process(x)         #可通过 PID,利用 psutil.pids()函数查看对应进程信息
    p_name.append(p.name())
if 'notepad.exe' not in p_name:
    os.system('C:\\Windows\\System32\\notepad.exe')      #打开 notepad.exe 创建进程
```

若想撤销某个进程,仍可以用 os.system(command)函数,撤销进程有以下两种方式。

(1) 方式一：根据进程名称关闭进程,可关闭多个进程。参考代码如下。

```
if 'notepad.exe' in p_name:
    os.system('taskkill /F /IM notepad.exe')
                                #/F 表示强制关闭、IM 表示以进程名关闭进程
```

(2) 方式二：根据进程 PID 关闭进程,只能关闭一个进程。参考代码如下。

```
os.system('taskkill /F /PID 7224')
```

【例 6-5】 查看进程名相同的进程及其各自的工作目录绝对路径,区分程序与进程的不同,一个程序对应多个进程。

参考代码如下。

```
p_name=[]                       #存储所有进程名称
p_notepad=[]                    #存储进程名称中包含 notepad 的进程
for x in pids:
    p=psutil.Process(x)         #可通过 PID,利用 psutil.pids()函数查看对应进程信息
    p_name.append(p.name())
    if 'notepad' in p.name():
        p_notepad.append(p)
for x in p_notepad:
    print("进程名称",x,"进程工作路径",x.cwd())
```

4. 利用 multiprocessing 创建进程和撤销进程

其实 multiprocess 不是一个模块而是 Python 中一个操作、管理进程的包。之所以叫 multi 是取自 multiple 即多功能的意思,在这个包中几乎包含了和进程有关的所有子模块,例如创建进程、进程同步、进程池、进程之间数据共享等模块。本节仅介绍用 multiprocessing 模块下的 Process 类来创建进程。Process 的语法结构如下。

```
Process([group [, target [, name [, args [, kwargs]]]]])
```

由该类实例化得到的对象,表示一个子进程中的任务(尚未启动)。

说明:

(1) 必须使用关键字方式来指定参数。

(2) args 指定的为传给 target 函数的位置参数,是一个元组形式,必须有逗号。

(3) 其中的参数介绍如下。

group:参数未使用,默认值为 None。

target:表示调用对象,即子进程要执行的任务。

args:表示调用的位置参数元组。

kwargs:表示调用对象的字典。如 kwargs = {'name': Jack, 'age': 18}。

name:子进程名称。

下面代码给出了如何用 Process 类创建新进程。

```
from multiprocessing import Process
import os

print("当前进程 ID:",os.getpid())

#定义一个函数,准备作为新进程的 target 参数
def act(name, * add):
    print(name)
    for i in add:
        print("%s 当前进程%d" %(i,os.getpid()))

if __name__=='__main__':
    #定义为进程方法传入的参数
    my_tuple = ("http://c.biancheng.net/python/",\
                "http://c.biancheng.net/shell/",\
                "http://c.biancheng.net/java/")
    #创建子进程,执行 act() 函数
    my_process = Process(target =act, args = ("my_process 进程", * my_tuple))
    #启动子进程
    my_process.start()
    #主进程执行该函数
    act("主进程", * my_tuple)
```

上述程序中有两个进程,分别为主进程和创建的新进程,主进程会执行整个程序,而子进程不会执行 if__name__ == '__main__'中包含的程序,而是先执行此判断语句之外的所有可执行程序,然后再执行分配给它的任务(也就是通过 target 参数指定的函数)。

若想撤销某个子进程,可以使用 terminate()终止它,参考代码如下。

```
from multiprocessing import Process
import time
import os
```

```
def task(n):
    print('子进程的 PID:%s' %os.getpid())
if __name__ =='__main__':
    p=Process(target=task,args=(3,),name='子进程')    #修改进程的名称为"子进程"
    p.start()
    p.terminate()                    #给操作系统发送指令,把进程释放掉
    time.sleep(1)                    #应用程序不能直接终止掉进程,需要等待操作系统终止进程
    print(p.is_alive())              #判断进程是否处于一个活动状态
    print('主')
```

6.3.4 进程状态

进程从因创建而产生至因撤销而消亡的整个生命期间,有时占用 CPU 执行,有时虽可运行但却分不到 CPU,有时虽然 CPU 空闲但因等待某个事件的发生而无法执行,这些都说明进程和程序不相同,进程是活动的且有状态变化的,可以用一组状态加以刻画。为了便于管理进程,一般按进程在执行过程中的不同情况至少要定义 3 种不同的进程状态。

(1) 就绪(Ready)状态:当进程已分配到除 CPU 以外的所有必要的资源,只要获得 CPU 便可立即执行,这时的进程状态称为就绪状态。

(2) 运行(Running)状态:当进程已获得 CPU,其程序正在 CPU 上执行,此时的进程状态称为执行状态。

(3) 阻塞(Blocked)状态:正在执行的进程,由于等待某个事件发生而无法执行时,便放弃 CPU 而处于阻塞状态。引起进程阻塞的事件可有多种,例如等待 I/O 完成、申请缓冲区不能满足、等待信件(信号)等。

通常,一个进程在创建后将处于就绪状态。每个进程在执行过程中,任意时刻当且仅当处于上述 3 种状态之一。同时,在一个进程执行过程中,它的状态将会发生改变。下面例子展示了进程由运行到阻塞再到结束的过程。参考代码如下。

```
import time

a=2                              #程序开始,运行状态
b=int(input("请输入 b 的值:"))    #用户输入,进入阻塞
c=a+b                            #运行状态
time.sleep(1)                    #睡眠 1s,阻塞状态
print(c)                         #打印完 c 后,程序结束
```

6.4 单元实验

请完成如下实验。
(1) 编程获得当前所有正在运行的进程的 PID、进程名和占用内存情况。
(2) 查看进程中是否有名为 iexploer.exe 的进程,若没有,则创建此进程,并显示与此进

程相关的所有信息，如进程名、创建时间、路径和状态等。

（3）通过编程获取全部进程的 CPU 使用率。

（4）使用 os.system() 方法创建画图进程 mspaint.exe，然后使用 6.3.3 节的两种方法关闭画图进程 mspaint.exe。

（5）用鼠标操作打开两个画图框，分别将其保存在桌面和 D 盘根目录下，编程实现打印出这两个进程的 PID、进程名和工作路径。

第 7 章 文件管理

操作系统的主要功能是管理计算机的硬件资源和软件资源。软件资源包括各种系统程序、应用程序和用户程序,也包括大量的文档材料、库函数等。每一种软件资源本身都是具有一定逻辑意义的相关信息的集合,在操作系统中它们以文件形式存储。操作系统的一个重要功能是文件管理,它能快速处理大量信息,以对数据进行组织、存取和保护。文件管理的功能包括:建立、修改、删除文件;按文件名访问文件;决定文件信息的存放位置、存放形式及存取权限;管理文件间的联系,以及提供对文件的共享、保护和保密等,允许多个用户协同工作又不引起混乱。在计算机系统中,一般文件是存储在外部存储介质上的(如磁盘),所以本章从获取磁盘信息、对目录(文件夹)的操作、对文件的操作 3 个方面来介绍。

7.1 查看系统存储信息

计算机的存储设备包括主存、硬盘等,Python 中的 psutil 模块提供了查看系统存储状态以及进程使用内存等信息的接口。

7.1.1 获取系统主存信息

利用函数 psutil.virtual_memory()可以获得本机的主存信息,函数返回值为系统总内存的所有信息,存储信息的单位是字节。返回信息的含义如下。

total:指的是物理内存的大小。
available:指的是不需要交换到外存、能立即被分配的存储空间大小。
percent:指系统内存的使用率。其中,percent=(total-available)/total * 100。
used:指已使用的内存。注意,total-free 不一定等于 used。
free:指已准备好但尚未使用的内存。注意,total-used 不一定等于 free。

【例 7-1】 查看本机主存的总容量、已用容量和剩余容量。
查看本机主存信息的参考代码如下。

```
import psutil
M=psutil.virtual_memory()
print('总容量:\t',M.total)
print('已用容量:\t',M.used)
```

```
print('剩余容量:\t',M.free)
```

运行结果如图 7-1 所示。注意,不同的环境,运行的结果不一样。

```
================ RESTART: C:/Users/wangm/Desktop/memory.py ================
总容量:         8396300288
已用容量:       6026584064
剩余容量:       2369716224
>>>
```

图 7-1　查看本机主存信息

7.1.2　获取交换区的信息

程序运行时存在局部性规律,即在一段较短的时间内,程序的执行仅局限于某个部分,相应地,它所访问的存储空间也局限于某一个区域。根据程序局部性原理,程序在运行之前,没有必要将其全部装入内存,而只需将那些当前要运行的少数页面装入内存便可运行,其余部分留在外存。当用户看到自己的程序能在系统中正常运行时会认为,该系统所具有的内存容量一定比自己的程序大,或者说用户所感觉到的内存容量会比实际内存容量大得多。但是,用户所看到的大容量只是一种错觉、是虚拟的,故把这样的存储器称为虚拟存储器。目前,绝大部分的操作系统都支持虚拟存储管理,虚拟存储管理中的一个重要概念是交换区,交换区是硬盘上的一片存储区域。当主存可用空间不够时,操作系统会把主存中的部分数据放入交换区,以增大主存的可用空间;在需要时,再将交换区中的数据移回主存。所以,交换区可以视为虚拟主存,起到扩大主存总容量的作用。

函数 psutil.swap_memory()返回虚拟存储中用于支持页面交换的信息,外存提供的交换区的统计信息的单位是字节。返回的信息中,total 指的是交换区空间总的大小,used 指的是被占用的空间的大小,free 指的是空闲空间的大小,percent 指的是空闲空间在整个交换区中的占比,sin 是虚拟存储系统从外存交换到内存的总存储量,sout 是从内存交换到外存的总存储量。

【例 7-2】　打印交换区当前的总容量、已用容量和剩余容量。

查看交换区当前信息的参考代码如下。

```
import psutil
S=psutil.swap_memory()
print('交换区总容量:\t',S.total)
print('交换区已用容量:\t',S.used)
print('交换区剩余容量:\t',S.free)
```

运行结果如图 7-2 所示。注意,不同的环境,运行的结果不一样。

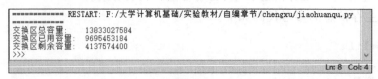

图 7-2　查看交换区当前信息

7.1.3 获取磁盘信息

psutil 主要提供了 3 个函数用于获得系统所有磁盘分区、磁盘使用情况、磁盘 I/O（读写）情况等统计信息。

1. 获取磁盘分区信息

函数 psutil.disk_partitions()返回磁盘分区信息，包括文件系统类型。

获取磁盘分区信息的参考代码如下。

```
>>>psutil.disk_partitions()
```

运行结果如图 7-3 所示。注意，不同的环境，运行的结果不一样。

```
================ RESTART: Shell ================
>>> import psutil
>>> psutil.disk_partitions( )
[sdiskpart(device='C:\\', mountpoint='C:\\', fstype='NTFS', opts='rw,fixed'), sd
iskpart(device='D:\\', mountpoint='D:\\', fstype='NTFS', opts='rw,fixed'), sdisk
part(device='E:\\', mountpoint='E:\\', fstype='NTFS', opts='rw,fixed'), sdiskpar
t(device='F:\\', mountpoint='F:\\', fstype='NTFS', opts='rw,fixed')]
>>>
```

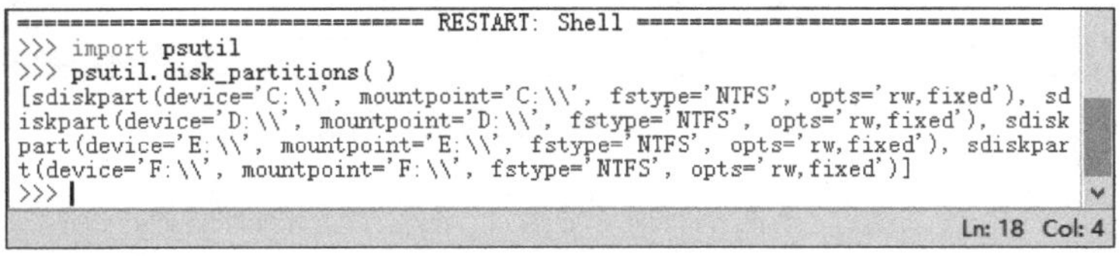

图 7-3 获取磁盘分区信息

2. 获取磁盘使用情况

函数 psutil.disk_usage()返回磁盘使用情况，包括使用空间总大小、已用空闲空间大小等。

获取磁盘使用情况的参考代码如下。

```
>>>psutil.disk_usage("D:\\")
```

运行结果如图 7-4 所示。注意，不同的环境，运行的结果不一样。

```
================ RESTART: Shell ================
>>> import psutil
>>> psutil.disk_usage("D:\\")
sdiskusage(total=107443384320, used=50378526720, free=57064857600, percent=46.9)
>>>
```

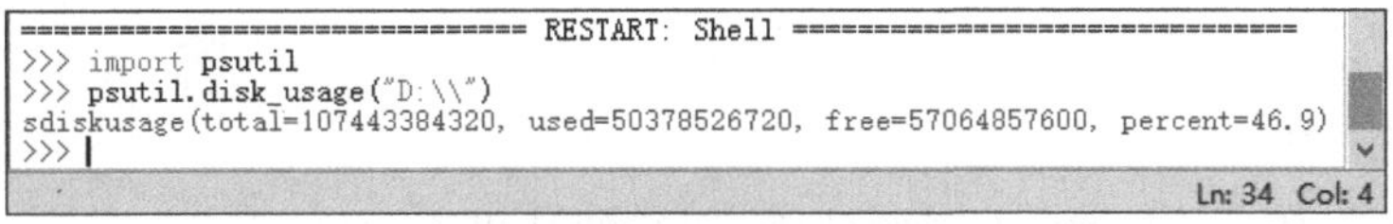

图 7-4 获取磁盘使用情况

如果要查看其他磁盘容量，如 C 盘，可将参数 D:\\换为 C:\\。例如，计算机有 3 个磁盘分区 C、D、E，可以用下述代码输出所有磁盘分区容量。

```
print("C:\\ 盘容量为:",psutil.disk_usage('C:\\').total)
print("D:\\ 盘容量为:",psutil.disk_usage('D:\\').total)
print("E:\\ 盘容量为:",psutil.disk_usage('E:\\').total)
```

如果磁盘分区多了，上述代码就比较冗长，更好的方法是用循环来实现。代码如下。

```
#用列表 device 存储计算机所有的盘符
device=['C:\\', 'D:\\', 'E:\\', 'F:\\']
```

```
for x in device:                    #遍历列表 device
    print(x,"盘容量为:",psutil.disk_usage(x).total)
```

3. 获取磁盘读写统计信息

函数 psutil.disk_io_counters()返回磁盘读写统计信息,包括累计读写次数、读写字节数等。

获取磁盘读写统计信息的参考代码如下。

```
>>>psutil.disk_io_counters()
```

运行结果如图 7-5 所示。注意,不同的环境,运行的结果不一样。

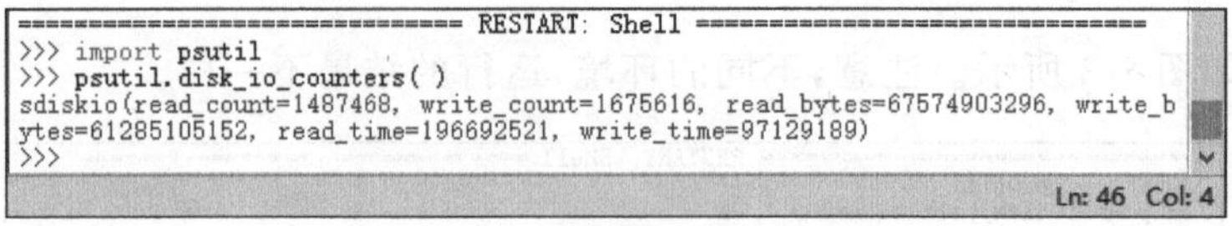

图 7-5　获取磁盘读写统计信息

7.2　目 录 操 作

Python 的 os 模块封装了操作系统的目录和文件操作,所以在对目录(文件夹)进行操作时,要引入 os 模块。引入 OS 模块格式为

```
import os
```

1. 返回当前工作目录

函数 os.getcwd()返回当前的工作目录。参考代码如下。

```
>>>import os
>>>os.getcwd()
```

结果如图 7-6 所示。注意,不同的环境,运行的结果不一样。

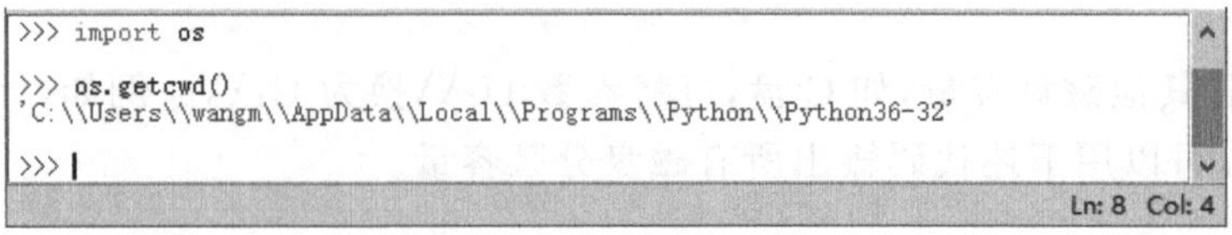

图 7-6　查看当前工作目录

2. 改变工作目录

函数 os.chdir(path)可以改变工作目录,其中 path 参数是需要修改到的工作目录。参考代码如下。

```
>>>os.chdir('F:\\python_py')
#当再次查询当前工作目录的时候,就会返回新的目录
>>>os.getcwd()
#输出'F:\\python_py'
```

结果如图 7-7 所示。注意,不同的环境,运行的结果可能不一样。

```
>>> os.chdir('F:\\python_py')
>>> os.getcwd()
'F:\\python_py'
>>>
```

图 7-7　更改当前工作目录

3. 获取指定目录中所有文件名

函数 os.listdir(path = '.')列举指定目录中的所有文件的名字。这里 path 用的是默认值英文句点".",表示当前的工作目录,返回值就是当前目录中的所有文件;返回类型是列表的形式。参考代码如下。

```
>>>os.listdir()
```

运行结果如图 7-8 所示。注意,不同的环境,运行的结果不一样。

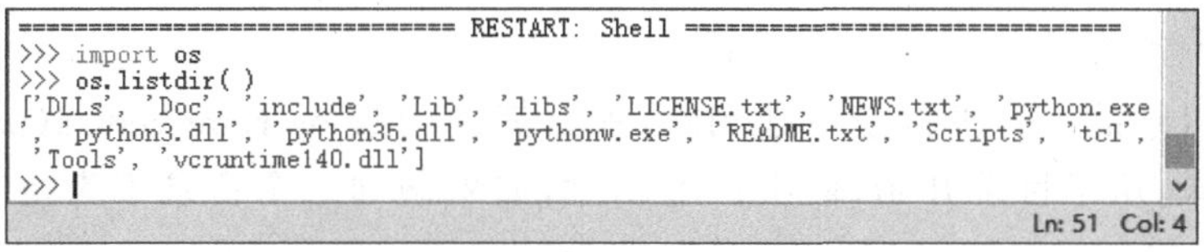

```
================ RESTART: Shell ================
>>> import os
>>> os.listdir( )
['DLLs', 'Doc', 'include', 'Lib', 'libs', 'LICENSE.txt', 'NEWS.txt', 'python.exe', 'python3.dll', 'python35.dll', 'pythonw.exe', 'README.txt', 'Scripts', 'tcl', 'Tools', 'vcruntime140.dll']
>>>
```

图 7-8　获取指定目录中所有文件名

4. 创建单层目录

函数 os.mkdir(path)创建单层目录。这里只能创建单层的目录,不可以递归创建目录。参考代码如下。

```
>>>os.mkdir('test')
#这样我们就在'.'的目录中得到一个新的 test 文件夹
```

还可以在指定路径下创建文件夹,参考代码如下。

```
>>>os.mkdir("E:/test")
#在 E 盘下创建一个名为 test 的文件夹
```

如果要创建的文件夹已经存在,那么运行 os.mkdir(path)会出现异常情况,如图 7-9 所示。

为了解决这个问题,可利用 os.path.exists(path)函数查看文件夹是否存在,如果存在则返回 True,否则返回 False。参考代码如下。

```
if not os.path.exists("E:/test"):      #如果 E 盘下 test 文件夹不存在
    os.mkdir("E:/test")                #在 E 盘下创建名为 test 的文件夹
```

第 7 章　文件管理

```
================================ RESTART: Shell ================================
>>> import os
>>> os.mkdir("E:/test")
Traceback (most recent call last):
  File "<pyshell#13>", line 1, in <module>
    os.mkdir("E:/test")
FileExistsError: [WinError 183] 当文件已存在时,无法创建该文件。: 'E:/test'
>>>
```

图 7-9 创建的文件夹已存在时将无法创建该文件

5. 递归创建目录

函数 os.makedirs(path)可以递归创建新的目录。如果该目录已经存在的话,也会出现异常(解决方式同上)。参考代码如下。

```
os.makedirs('E:\\File1\\File2')
os.makedirs('E:\\\File1\\File3')
#这样就可以在 E 盘中得到一个 File1 目录,然后其中含有两个目录(文件夹)File2 和 File3
```

6. 删除目录

函数 os.rmdir(path)删除单层目录。如果目录中不为空,则抛出异常。参考代码如下。

```
os.rmdir('E:\\File1\\File2')
#删除目录 File2
```

若还想将目录的上一级目录一起删除,那么就用函数 os.removedirs(path),该函数可递归地删除目录,从子目录开始,依次往上删除,如果遇到一个目录不为空就会抛出异常。参考代码如下。

```
os.removedirs('E:\\\File1\\File3')
#同时删除目录 File3 及上一级目录 File1
```

7. 遍历子目录

函数 walk(path)遍历 path 路径下的所有子目录,返回值是由 3 个 tuple 类型元素组成的列表,即[(当前目录列表),(子目录列表),(文件列表)]。参考代码如下。

```
import os
testwalk = os.walk('E:\\test')
for dirname,subdir,file in testwalk: #并行 for 循环
    print (dirname)
    print (subdir)
    print (file)
    print ('_____')
```

运行结果如图 7-10 所示。

```
>>>
============ RESTART: F:/大学计算机基础/实验教材/自编章节/chengxu/bianlizimulu.py
============
E:\test
['test1', 'test2']
[]
------------------------------------
E:\test\test1
[]
['a.docx', 'b.xlsx']
------------------------------------
E:\test\test2
['1']
['2.txt']
------------------------------------
E:\test\test2\1
[]
[]
------------------------------------
>>>
```

图 7-10 遍历子目录的运行结果

7.3 文件操作

7.3.1 打开、创建文件

读取文件或创建新的文件并写入数据,几乎是每一个计算机程序必备的功能。Python 通过文件句柄独立于各操作系统对文件进行操作。在对文件进行操作之前,必须先打开文件,函数 open() 可用于打开一个文件并返回一个文件句柄,该句柄一直与打开的文件关联,可通过该句柄在文件关闭前对文件进行访问。函数 open(path,打开模式)有两个参数,其中参数 path 同上文,path 若是绝对路径,是从根目录开始的,即盘符;若程序存的路径和里面要打开的文件在同一个文件夹下,那么可以用相对路径,用文件名。函数 open 用于打开一个文件,对文件操作完成后,要进行资源的回收,关闭该文件。

函数 open 的参数"打开模式"常用的有如以几种(还有其他模式,在此不用介绍)。

(1) r:表示以只读方式打开文件。这是默认的打开模式,要求文件必须存在,如果不存在将报错。

(2) w:表示以写入方式打开文件。如果文件存在,则将其覆盖;如果文件不存在,则创建文件。注意,以写的方式打开文件,若文件不存在,那么会自动创建该文件。

(3) a:表示以追加方式打开文件。如果文件存在,则新内容写入已有内容之后;如果文件不存在,则创建文件进行写入。

(4) r+:以读写方式打开文件,可对文件进行读操作和写操作。

(5) w+:消除文件内容,然后以读写方式打开文件。

(6) b:以二进制模式打开文件,而不是以文本模式打开文件。

创建、打开一个文件的参考代码如下。

```
f=open("E:/test/file.txt","w")      #创建、打开文件 E:/test/file.txt
f.close()                            #关闭文件
```

注意:
(1) 此种方式还可以创建 Word 文档、Excel 文档和 PPT 文档。
(2) 当文件读写完毕后,应关闭文件,关闭文件的函数是 f.close()。

【例 7-3】 在当前目录下创建 10 个记事本文件,文件名为 1.txt、2.txt、…、10.txt。创建 10 个记录本文件的参考代码如下。

```
string="E:/test"
for i in range(1,11):
    #文件名
    f_name=string+"/"+str(i)+".txt"
    #以写入方式打开文件。如果文件不存在,则创建文件
    f=open(f_name,"w")
```

运行结果如图 7-11 所示。

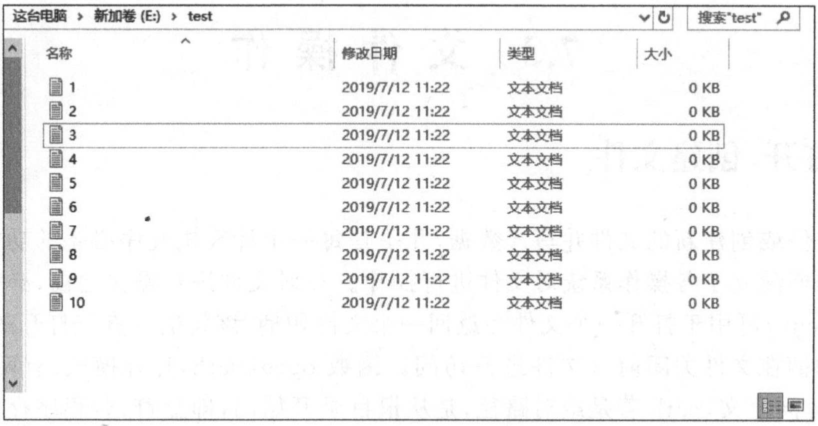

图 7-11 创建 10 个记事本文件的运行结果

7.3.2 向文件写入内容

函数 write() 将一个字符串写入文件。如果写入结束,就必须在字符串后面加上 '\n',然后用 close() 关闭文件。如果需要追加内容,则需要在打开文件时通过参数 'a' 附加到文件末尾;如果覆盖内容,则要通过参数 'w' 覆盖。

1. 通过 write() 函数向文件中写入一行

通过 write() 函数向文件中写入一行的参考代码如下。

```
f=open("E:/test/file2.txt",'w')
f.write('hello,world!\n')    #写入的字符串仅仅在末尾包含一个换行符
f.close()
```

运行程序,结果如图 7-12 所示。
注意: 若文件 file2.txt 是只读模式,则没有写入权限,就会发生异常,如图 7-13 所示。

图 7-12 通过 write( )函数向文件中写入一行的运行结果

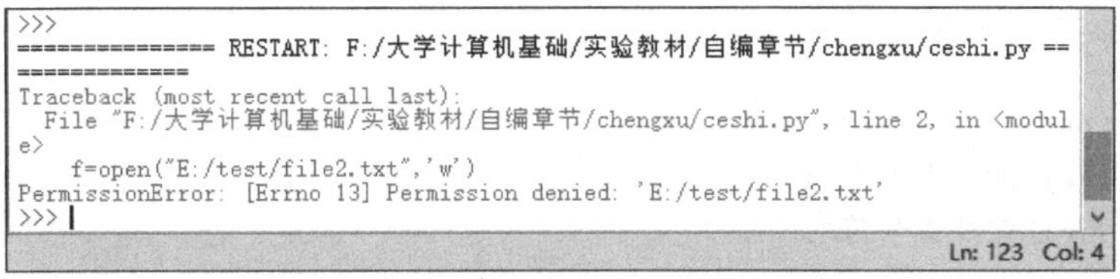

图 7-13 向文件写入内容出现异常

为了预防出现上述异常情况,可以用 try…except…语句来检测 try 语句块中的错误,从而让 except 语句捕获异常信息并进行处理。

```
import os
try:
    f=open("E:/test/file2.txt",'w')
    f.write('hello,world!\n')          #写入的字符串仅在末尾包含一个换行符
except IOError:
    print ("Error:没有找到文件或读取文件失败")
else:
    print ("内容写入文件成功")
    f.close()
```

运行程序,结果如图 7-14 所示。

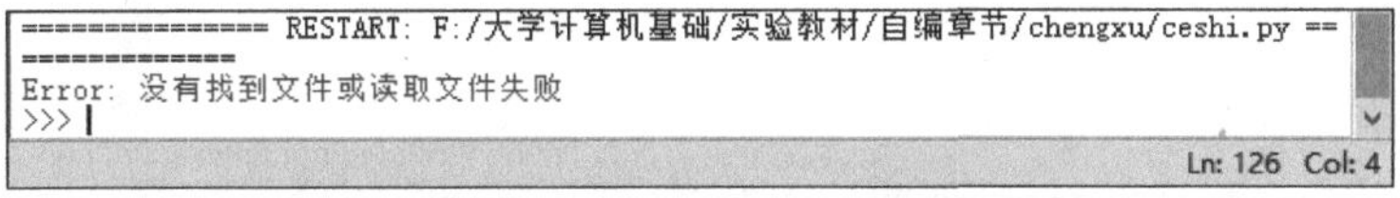

图 7-14 向文件写入内容出现异常处理结果

2. 通过 write( )函数向文件中写入多行

通过 write( )函数向文件中写入多行的参考代码如下。

```
f=open("E:/test/file2.txt",'w')
f.write('hello python!\nhello world!\n')      #写入的字符串仅仅在末尾包含一个换行符
f.close()
```

运行程序,结果如图 7-15 所示。

3. 将字符串按行写入文件

函数 writelines(str)把字符串按行写入文件。参数既可以是字符串,也可以是字符序

图 7-15 通过 write( )函数向文件中写入多行的运行结果

列或列表。参考代码如下。

```
f=open('E:/test/f1.txt','w')
f.writelines("汗滴禾下土")
f.writelines("粒粒皆辛苦")
```

【例 7-4】 创建一个新文件,内容是从 0 到 9 的整数,每个数字占一行。

0~9 每个数字占一行的参考代码如下。

```
f=open('E:/test/f2.txt','w')
for i in range(0,10):
    f.write(str(i)+'\n')
f.close()
```

运行程序,结果如图 7-16 所示。

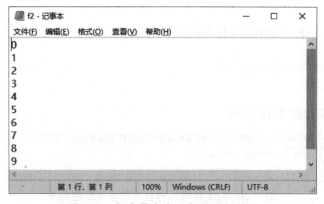

图 7-16 每个数字占一行的运行结果

【例 7-5】 向文件 f2.txt 内追加内容,追加内容如下:0~9 的随机整数,10 个数字一行,共 10 行。

向文件 f2.txt 内追加内容的参考代码如下。

```
import random
f=open('E:/test/f2.txt','a')
for i in range(0,10):
    for j in range(0,10):
        f.write(str(random.randint(0,9)))
    f.write('\n')
f.close()
```

运行程序,结果图 7-17 所示。

图 7-17　向文件 f.txt 内追加内容的运行结果

7.3.3　文件的指针定位与查询

文件被打开后,其对象保存在 f 中,它会记住文件的当前位置,以便于执行读写操作,这个位置称为文件的指针(一个从文件头部开始计算的字节数,long 类型)。

1. 通过 tell( )函数获取文件位置

函数 tell()用于获取文件中的当前位置。换句话说,下一次读取或写入将发生在从文件开始处之后的多个字节数的位置。

函数 tell()的用法如下。

```
f =open("E:/test/f2.txt ",'w+')
L=f.tell()
print("文件指针的位置:L)
```

注意：以 r、r+、rb+读方式或者 w、w+、wb+写方式打开的文件,开始时文件指针均指向文件的头部。

2. 通过 seek( )函数定位读写

函数 seek()用于移动文件读取指针到指定位置。seek(offset,whence)有两个参数,其中 offset 为偏移量,whence 为方向。参数 offset 表示要从哪个位置开始偏移,0 代表从文件开头开始算起,1 代表从当前位置开始算起,2 代表从文件末尾算起。参数 whence 是可选参数,默认值为 0。

函数 seek()用法如下。

```
f=open("E:/test/f2.txt ","rb")         #以 rb 方式打开文件
print("当前读写定位:",f.tell())
f.seek(-3,2)
print("当前读写定位:",f.tell())
print(f.read())
print("读取文件后的定位:",f.tell())
f.seek(5,0)                            #回到开头,偏移量是 5
print(f.readline())
f.close()
```

7.3.4 从文件读取内容

打开文件后,若想从文件中读取内容,就要用到函数 read()。函数 read()可以一次性地将文件内的内容以字符串形式(包含文件的换行符)读取出来。如果用 w 方法打开文件,只能是"写"模式,不能读取,此时再用函数 read()时就会报错;并且原来文件内的内容已经没有了,被覆盖了,注意使用 w 或 w+时,它都会默认先清空原来文件内的内容,再用新内容替换。同理,用 a 方法打开文件,也是只能追加,不能读取,也不能用函数 read(),否则也会报错。只有以 r 方式打开的文件,才能被函数 read()正确读取。

1. 一次读取文件所有内容

函数 read()可一次读取文件的所有内容。参考代码如下。

```
f=open("E:/test/f2.txt ",'r')
a=f.read()
print(a)
f.close()
```

运行程序,结果如图 7-18 所示。

```
============ RESTART: F:/大学计算机基础/实验教材/自编章节/chengxu/read读取.py
============
qwttf
fghjkl;';bghjkl
hgfhjkl
gfhjklhkl
>>>
                                                                    Ln: 10 Col: 4
```

图 7-18 函数 read( )读取文件的所有内容的运行结果

如果指定参数,如 read(3),那么只读取文件内容的前 3 个字符。参考代码如下。

```
f=open("E:/test/f2.txt ",'r')
a=f.read(3)
print(a)
f.close()
```

说明：换行符也算作一个字符。

由于文件在读写时可能产生错误(error)，一旦出错，则后面的 f.close() 就不会被调用，所以为了保证能够正常关闭文件，可以使用 try…finally…进行异常处理。

```
import os

try:
    f =open("E:/test/f2.txt ",'r')
    f.read()
finally:
    if f:
        f.close()
```

2. 一次读取文件内容的一行

函数 readline() 一次读取文件内容的一行，换行符'\n'也包括在内。

使用 readline() 函数按行读取文件内容的参考代码如下。

```
f=open("E:/test/f2.txt ",'r')
a=f.readline()
b=f.readline()
f.close()
print(a,len(a))
print(b,len(b))
```

运行程序，结果如图 7-19 所示。

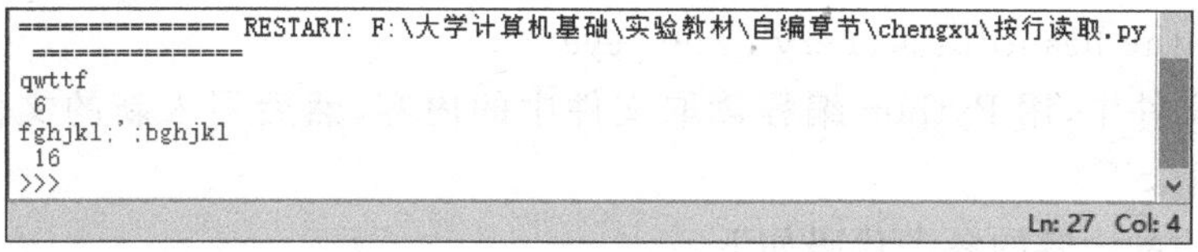

图 7-19　函数 readline() 按行读取文件内容的运行结果

原文件 f2.txt 有 4 行文字，那么输出一个完整的 f2.txt 文件需要调用 print 函数 4 次，稍显麻烦，所以可以使用 while 循环。

使用 while 循环的参考代码如下。

```
import os
f =open("E:/test/f2.txt ",'r')
line =f.readline()
print(type(line))
while line:
    print(line)
    line =f.readline()
f.close()
```

3. 一次读取文件中的所有行

函数 readlines()一次读取文件中的所有行,并且把读取的内容作为列表返回。参考代码如下。

```
f=open("E:/test/f2.txt ",'r')
a=f.readlines()
f.close()
print(a)
```

运行程序,结果如图 7-20 所示。

```
============ RESTART: F:/大学计算机基础/实验教材/自编章节/chengxu/readlines.py
============
['qwttf\n', "fghjkl;',;bghjkl\n', 'hgfhjkl\n', 'gfhjklkhkl\n']
>>>
```

图 7-20 函数 readlines()读取文件中所有行的内容的运行结果

说明:readlines()函数和 read()函数虽然都是读取全部文件内容,但还是有区别的,readlines()函数会把文件内容的每一行作为列表的一个元素,返回由整个文件内容组成的列表。

【例 7-6】 在 E:test 路径下新建文件 t3.txt,并将下列内容:

Last sunday, it was a fine day. My friend and I went to Mount Daifu.

In the morning,

we rode bikes to the foot of the mountain. After a short rest, we climbed the mountain. on its peak,

we shared the beautiful scenery in our eyes.

复制到 t3.txt 文件中,用 Python 编程读取文件中的内容,然后写入新的文件 t4.txt 中(与 t3.txt 在同一目录下)。

读取文件中的内容的参考代码如下。

```
import os
f=open('E:/test/t3.txt ', 'r')
print("读取 E:/test/t3.txt 所有内容:\n"+f.read())
f.seek(0)
print("读取 t3.txt 第一行内容:\n"+f.readline())
f.seek(28,0)
print("读取 t3.txt 开始位置向后移动 28 个字符后的内容:"+f.read())
f.seek(0)
f2=open('E:/test/t4.txt ', 'w')
f2.write(f.read())
f2.close()
f3=open('E:/test/t4.txt', 'r')
print("t4.txt 中的内容是:",f3.read())
f3.close()
```

运行程序,结果如图 7-21 所示。

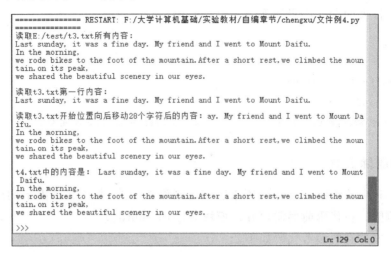

图 7-21　读取文件中内容的运行结果

7.4　删除、复制、移动、重命名文件和文件夹

7.4.1　删除文件和文件夹

一般删除文件时使用 os 模块库,然后利用 os.remove(path)即可完成删除。如果删除空文件夹,则使用 os.removedirs(path)即可。但是如果需要删除整个文件夹,且文件夹非空时,使用 os.removedirs(path)就会报错,此时可以使用 shutil 库,此库为 Python 内置库,是一个对文件及文件夹高级操作的库,可以与 os 库互补完成一些操作,例如文件夹的整体复制、移动文件夹、对文件重命名等。

1. 删除文件

函数 os.remove(path)用来删除文件,参数为文件路径。例如,os.remove("E:/test/f1.txt")会删除 E 盘下 test 文件夹下名为 f1.txt 的文件。但是,如果要删除的文件不存在,则运行 os.remove(path)时会报错,解决方法是先利用 os.path.exists(path)函数查看文件是否存在。

删除文件的参考代码如下。

```
if os.path.exists("E:/test/f1.txt"):        #如果文件存在
    os.remove("E:/test/f1.txt")             #删除文件
```

2. 删除空文件夹

函数 os.removedirs(path)用来删除空文件夹。如果文件夹不为空,那么会报错误信息。解决方法除了可用 os.path.exists(path)函数查看文件是否存在外,还可用 try…except…

语句用来检测 try 语句块中的错误,从而让 except 语句捕获异常信息并进行异常处理。

删除空文件夹的参考代码如下。

```
import os
try:
    os.rmdir('F:\\test')
except Exception as ex:
    print ("错误信息:"+str(ex))          #提示:错误信息,目录不是空的
```

3. 递归删除文件夹

模块 shutil 中的函数 rmtree()用来递归地删除文件夹,即该文件夹下的所有文件夹和文件都将被删除。在代码前面需要导入模块 import shutil。

递归删除文件夹的参考代码如下。

```
import os
import shutil
shutil.rmtree('F:\\test')
```

7.4.2 复制文件和文件夹

1. 复制文件到文件夹

若需要把文件复制到指定的目录,则需要用到函数 shutil.copy()。例如,将 F 盘 test 文件夹下的文件 math1.ppt 复制到 F 盘 test2 文件夹下,参考代码如下。

```
import shutil
shutil.copy('F:\\test\\math1.ppt','F:\\test2')
```

2. 复制并重命名文件

把文件复制到指定的目录后,同时可以对文件重命名。例如,将 F 盘 test 文件夹下的文件 math1.ppt 复制到 F 盘 test2 文件夹下,并重新命名为 math2.ppt,参考代码如下.

```
import shutil
shutil.copytree('F:\\test\\math1.ppt','F:\\test2\\math2.ppt')
```

3. 复制整个文件夹

若需要把整个文件夹复制到指定的文件夹下,则需要用到函数 shutil.copytree()。例如,将 F 盘 test 文件夹下的文件夹 pear1 复制到 F 盘 test2 文件夹下,参考代码如下。

```
import shutil
shutil.copy('F:\\test\\pear1','F:\\test2\\pear1')
```

7.4.3 移动文件和文件夹

1. 移动文件

若需要把文件移动到指定的目录,则需要用到函数 shutil.move()。例如,将 F 盘 test 文件夹下的文件 math1.ppt 移动到 F 盘 test2 文件夹下,参考代码如下。

```
import shutil
shutil.move('F:\\test\\math1.ppt','F:\test2')
```

2. 移动文件夹

若需要把文件夹移动到指定的文件夹,则仍需要用到函数 shutil.move()。例如,将 F 盘 test 文件夹下的文件夹 pear1 移动到 F 盘 test2 文件夹下,参考代码如下。

```
import shutil
shutil.move('F:\\test\\pear1','F:\\test2\\pear1')
```

7.4.4 重命名文件和文件夹

1. 重命名文件

若需要对文件重命名,则需要用到函数 shutil.move()。例如,将 F 盘 test 文件夹下的文件 math1.ppt 重命名为 math3.ppt,参考代码如下。

```
import shutil
shutil.move('F:\\test\\math1.ppt','F:\\test\\math3.ppt')
```

2. 重命名文件夹

若需要对文件夹重命名,则需要用到函数 shutil.move()。例如,将 F 盘 test 文件夹下的文件夹 pear1 重命名为 pear3,参考代码如下。

```
import shutil
shutil.move('F:\\test\\pear1','F:\\test\\pear3')
```

7.5 单元实验

请完成如下实验。

(1) 定义函数 memory_convert(m),将获取的内存(或磁盘)容量以字节为单位转换为 KB、MB、GB,并输出相应结果。

(2) 编写一个程序,该程序能根据用户的输入显示对应的存储信息,例如,输入 1 则显示主存信息、输入 2 则显示交换区信息、输入 3 则显示分区信息、输入 0 则程序结束。

（3）请在 E 盘下创建 20 个文件夹，文件夹名分别为 folder1、folder2、…、folder20。

（4）在上面第 3 题的 20 个文件夹中分别创建 10 个记事本文件，文件名为 1.txt、2.txt、…、10.txt，并在创建的每一个文件中写入自己的姓名，换行后再写入文件所在的路径。

（5）在 E 盘下创建 10 个文件夹，文件夹以"姓名全拼＋数字"命名，例如，zhangsan1、zhangsan2、…、zhangsan10，并在每个文件夹下创建多个文本文件，文件名依次遍历姓名全拼的每个字母，如 z.txt、h.txt、a.txt……最后再在每个文件中写入姓名、学号、系统当前时间、文件名。

（6）编写程序将如图 7-22、图 7-23 所示文件电话簿 TD.txt 和电子邮件 EA.txt 合并成一个完整的文件 TE.txt。

图 7-22　文件电话簿 TD.txt

图 7-23　文件电子邮件 EA.txt

第 8 章 数据库及其基本操作

数据库管理系统(Database Management System,DBMS)是一种操纵和管理数据库的大型软件,用于建立、使用和维护数据库。数据库管理系统是企业进行数据管理及维护不可或缺的数据管理软件。常见关系型数据库管理系统有 IBM 公司研制的 DB2、Microsoft 公司研制的 SQL Server 和 Access、Sybase 公司研制的 Sybase、Oracle(甲骨文)公司推出的 Oracle 和 MySQL(由瑞典 MySQL AB 公司开发,目前属于甲骨文旗下公司)。MySQL 所使用的 SQL 语言是用于访问数据库的常用标准化语言,由于其体积小、速度快,以及总体拥有成本低,尤其是开放源码这一特点,使得一般中小型网站的开发都选择 MySQL 作为网站数据库。本章以 MySQL 为例,介绍数据库管理系统的基本操作。

8.1 MySQL 数据库

MySQL 是一款非常流行的关系型数据库管理系统,关系数据库将数据保存在不同的表中,而不是将所有数据放在一个大仓库内,这样就加快了速度并提高了灵活性。MySQL 具有非常好的移植性,可以在 Aix、UNIX、Linux、Mac OS X、Solaris 和 Windows 等多种操作系统下运行。本节以 MySQL 安装文件 MySQL-Installer-Community-8.0.15.0.msi 为例,介绍安装过程。

1. 安装 MySQL 数据库

1) 访问 URL 进行安装

(1) 访问 URL,即 https://dev.mysql.com/downloads 可以下载 MySQL 数据库。MySQL 安装文件如图 8-1 所示,勾选 I accept the licerse terms 接受选项,开始运行 MySQL 安装向导。

(2) 这里按照类型可以选择 Default 默认方式(Developer Default),也可以选择 Custom 自定义安装,如图 8-2 所示。

(3) 进入安装(Installation)页面,单击 Execute 按钮,进行各组件的安装,如图 8-3 所示。全部安装成功后,则单击 Next 按钮进入下一步。

(4) 选择默认的 MySQL 配置方式,如图 8-4 所示。

(5) 配置服务器类型及端口号采用默认设置即可,如图 8-5 所示。单击 Next 按钮进入下一步。

(6) 认证方式仍采用默认设置,如图 8-6 所示。单击 Next 按钮进入下一步。

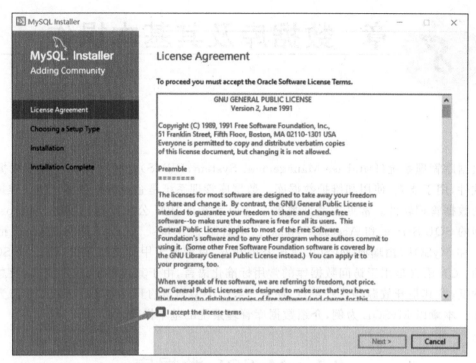

图 8-1　开始运行 MySQL 安装向导

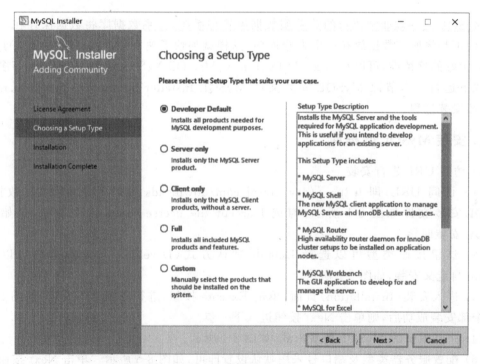

图 8-2　选择安装类型

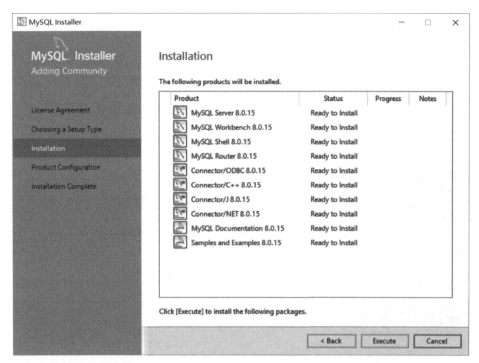

图 8-3　确认组件的安装

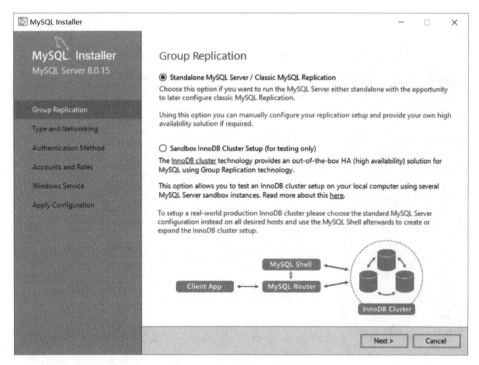

图 8-4　对 MySQL 进行配置

第 8 章　数据库及其基本操作

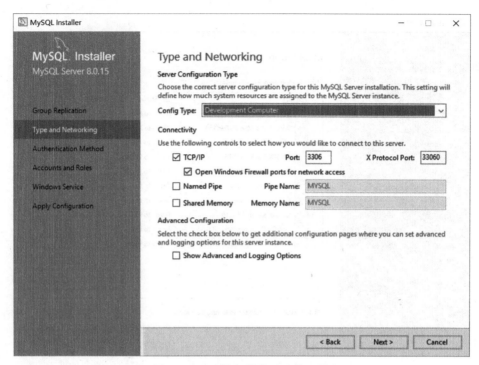

图 8-5　配置服务器类型及端口号

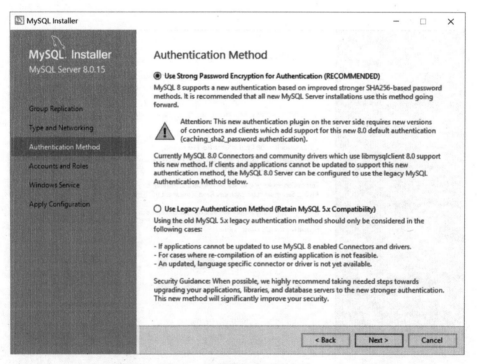

图 8-6　选择数据库认证方式

(7) 设置 Root 用户密码,务必牢记该密码,也可以添加另外一个用户,如图 8-7 所示。单击 Next 按钮进入下一步。

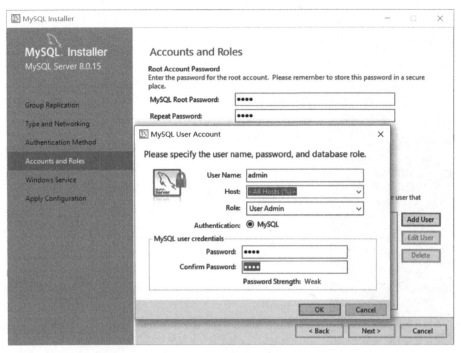

图 8-7 设置数据库的密码

(8) 设置用户和服务开机启动方式,默认即可,如图 8-8 所示。单击 Next 按钮进入下一步。

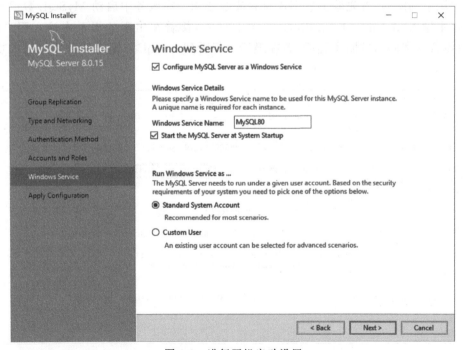

图 8-8 进行开机启动设置

第 8 章 数据库及其基本操作 —— 153

（9）确认配置，按默认方式完成后续所有步骤安装，单击 Finish 按钮完成安装配置，如图 8-9 所示。

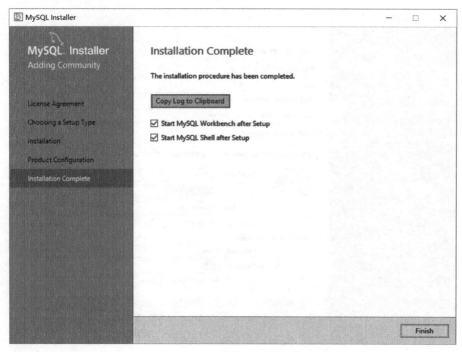

图 8-9　完成安装配置

2）安装验证

在使用数据库前，首先验证数据库是否安装成功。在服务中启动 MySQL 数据库，并在命令窗口中输入 mysql - h localhost - u root -p，接着在出现的提示中输入用户的密码（安装时设置的密码），按回车键后，若在最后一行看到 mysql>，则表明数据库已成功安装，如图 8-10 所示。

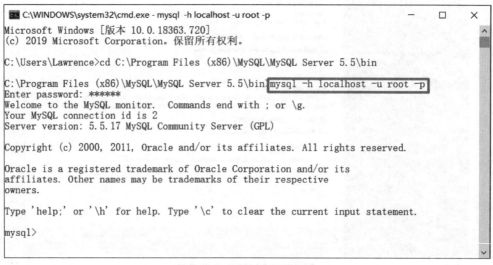

图 8-10　通过安装验证

2. Navicat 访问

1) Navicat 概述

Navicat 是一套可创建多个连接的数据库管理工具,用以管理 MySQL、Oracle、PostgreSQL、SQLite、SQL Server、MariaDB 和 MongoDB 等不同类型的数据库,并支持管理某些云数据库,例如阿里云、腾讯云。Navicat 的功能足以符合专业开发人员的所有需求,但是对数据库服务器初学者来说又相当容易学习。它的设计符合数据库管理员、开发人员及中小企业的需要。Navicat 以直觉化的图形用户界面(GUI),让用户以安全且简单的方式创建、组织、访问并共享信息。

Navicat 提供了 Microsoft Windows、Mac OS 和 Linux 3 种平台的版本。它可以让用户连接到本地或远程服务器,并提供一些实用的数据库工具以协助用户管理数据,包括 Navicat Cloud 协同合作、数据建模、数据传输、数据同步、结构同步、导入、导出、备份、还原、报表创建和自动运行。

2) 安装数据库管理工具 Navicat

可以通过访问 https://www.navicat.com.cn/products 获得 Navicat 安装软件。双击 Navicat 的安装文件,出现安装界面,选择快速安装,修改安装路径(可按默认设置),单击"下一步"按钮一步步安装软件,如图 8-11 所示。最后,勾选"运行"选项,单击"完成"按钮,则安装完毕。

图 8-11 Navicat 安装

3) 使用 Navicat 访问数据库

(1) 新建连接。

① 打开软件 Navicat,单击主界面左侧的"连接"选项,如图 8-12 所示,选择 MySQL。

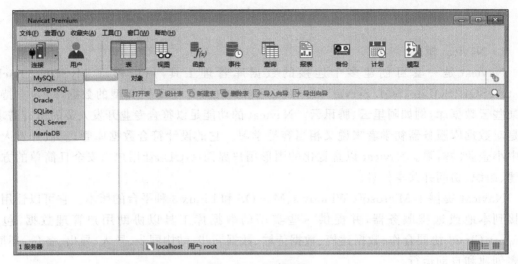

图 8-12　新建连接

② 在弹出的如图 8-13 所示的"新建连接"界面,输入连接名(连接名是自己定义的,如 local),主机名或 IP 地址默认为 Localhost,也可以改为 127.0.0.1(有时填写 Localhost 连接不到后台数据库,这时就可以改写为 IP 地址 127.0.0.1),端口默认为 3306,用户名和密码是安装 MySQL 时设置的用户名(默认为 root)和密码。单击"连接测试"按钮,查看是否能够连接数据库。若提示"连接成功",则表明已经和数据库已连接成功。单击"确定"按钮退出。若出现错误提示,则可以查看 MySQL 服务是否打开、防火墙是否关闭等。

图 8-13　"新建连接"界面

(2) 连接并新建数据库。

① 双击 Navicat 主界面左侧的连接名称(刚才创建的 local),以实现与数据库的连接。连接成功后,图标由灰色变为绿色,如图 8-14 所示。

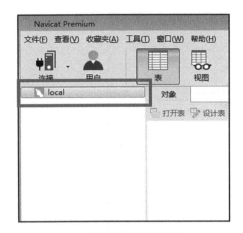
(a) 双击连接名称进行连接

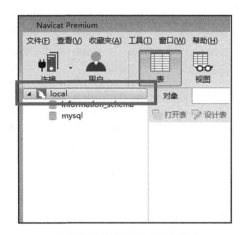
(b) 连接成功(图标由灰色变绿色)

图 8-14　连接数据库

② 右击鼠标,选择"新建数据库"选项,如图 8-15 所示。

图 8-15　选择"新建数据库"选项

③ 在如图 8-16 所示的"新建数据库"窗口中,输入新建数据库名称 choosecourse,字符集选择最后一项 utf8 -- utf-8 unicode,排序规则选择第一项 utf8_general_ci,单击"确定"按钮。

图 8-16 "新建数据库"窗口

(3) 数据库备份与还原。

下面先介绍数据库的备份。

① 选择要备份的数据库（choosecourse），单击上方"备份"按钮,再次选择下方的"新建备份"按钮,则弹出新建备份窗口,如图 8-17 所示。

图 8-17 "新建备份"窗口

② 在"对象选择"页中,选择要备份的内容(如果要全库备份,则单击"全选"按钮),单击"开始"按钮开始进行数据库的备份,如图 8-18 所示。

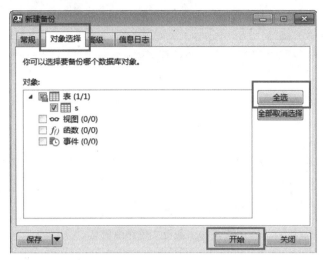

图 8-18　数据库备份

③ 数据库备份完毕后,在主窗口会显示该备份文件的相关信息,如图 8-19 所示。选中该文件,右击鼠标,弹出菜单,选择"对象信息",则会显示该备份文件的相关信息,如图 8-20 所示。

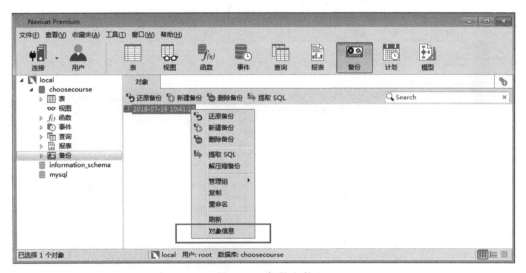

图 8-19　备份文件

图 8-20 中,"文件"列出了备份文件存放的详细路径,扩展名为.psc 的文件即为数据库备份文件,复制该文件到其他的目录,记下位置,下面进行数据库的恢复(还原)操作。

先删除数据库 choosecourse 下的所有表,或者删除整个数据库 choosecourse,并按照前面叙述的方法,重新创建一个新的 choosecourse 数据库。

双击需要恢复的数据库,然后单击"备份"按钮,再单击"还原备份"按钮,弹出文件选择

第 8 章　数据库及其基本操作

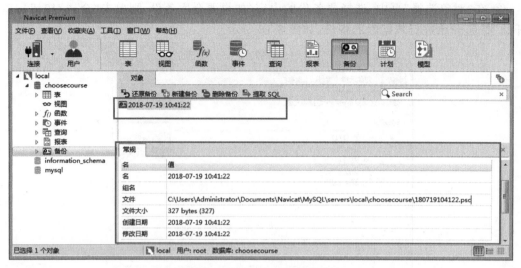

图 8-20　备份文件详细信息

框,选择前期备份的文件,单击"打开"按钮(见图 8-21),弹出还原备份窗口(如图 8-22 所示),单击"开始"按钮,提示警告信息,单击"确定"按钮后,则开始进行数据库的恢复。数据库恢复完成后,请自行查看数据是否和备份前一致。

图 8-21　选择要恢复的文件

图 8-22　恢复数据库

8.2　数据库定义

8.2.1　基本 SQL 语言

SQL(Structured Query Language,结构化查询语言)是一种目前流行的、综合的、通用的、功能极强的关系数据库语言,用户通过它可以访问数据库中的数据,SQL 具有查询、更新、定义和控制等功能。

SQL 提供两种用户使用方式:第一种方式是联机的交互方式;第二种方式是嵌入式SQL 语言。在联机的交互方式下,SQL 语言为自含式语言,能够独立进行联机交互,也就是用户只需在键盘上直接输入 SQL 命令就可以对数据库进行操作。在嵌入式 SQL 语言方式下,SQL 语言中任何可以交互使用的 SQL 语句都可以嵌入用某种高级程序设计语言(如C、Python 等)所写的应用程序中,以实现对数据库中数据的存取操作,这就给程序员设计程序带来了很大的方便。这两种不同的使用方式中的 SQL 语法结构基本一致,为使用 SQL带来了灵活性和方便性。

8.2.2　创建、删除数据库

在联机的交互方式下,当连接成功后,在 Navicat 主界面单击新建数据库即可。而在嵌入式 SQL 语言方式下,可以通过 SQL 语句创建数据库。

1. 创建数据库

数据库的创建可采用系统默认设置。在查询编辑器中使用 CREATE DATABASE 语句进行创建,语句格式为

CREATE DATABASE <数据库名>;

【例 8-1】 创建一个学生选课(choosecourse)数据库。

在查询编辑器中,创建数据库 choosecourse 的语句如下。

CREATE DATABASE choosecourse;

创建数据库如图 8-23 所示。

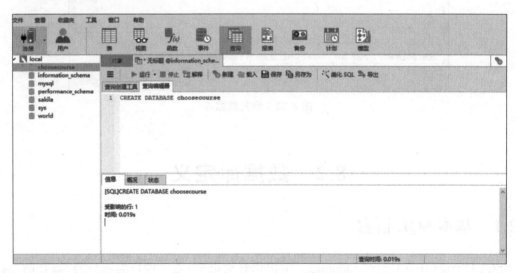

图 8-23 创建数据库

2. 删除数据库

删除数据库语句格式为

DROP DATABASE <数据库名>;

8.2.3 创建、删除基本表

1. 基本表的创建

表的创建一般格式为

CREATE TABLE <表名>(<列名><数据类型>[列级完整性约束条件] [,<列名><数据类型>[列级完整性约束条件]…) [,<表级完整性约束条件>];

在 SQL 的基本表定义语句中涉及 SQL 所支持的数据类型,另外在定义语句中还可以

定义完整性约束条件。

1) SQL 支持的数据类型

关系的每个属性来自一个域,它的取值必须是域中的值。在 SQL 中,域的概念是用数据类型来实现的。定义表的各个属性时需要指明其数据类型及长度。

表 8-1 是 SQL 常用的数据类型。注意,不同的数据库管理系统支持的数据类型有所不同。

表 8-1 SQL 常用的数据类型

类 型 名 称	说　　明
INT	长整数,4 字节
SMALLINT	短整数,2 字节
REAL	浮点
DOUBLE	双精度浮点数
DEC(P,Q)	定点数,有 P 位数字(不包括符号、小数点),小数点后面有 Q 位数字
CHAR(N)	长度为 N 的定长字符串
VARCHAR(N)	具有最大长度为 N 的变长字符串
DATETIME	日期型

2) 完整性约束条件

定义中的完整性约束条件是针对属性值设置的限制条件。列级约束表示约束条件表达式中只涉及一个列。如果约束条件表达式涉及多个列属性,则成为表级约束条件。

在基本表定义语句中,可以实现关系的实体完整性、参照完整性和用户自定义完整性 3 种完整性的定义。

(1) 实体完整性定义

关系模型的实体完整性在 CREATE TABLE 中用 PRIMARY KEY 约束实现。PRIMARY KEY 约束用于定义主键,它能保证主键的唯一性和非空性。PRIMARY KEY 约束可作为列级约束条件,也可定义为表级约束条件,视主键是由单属性还是由多属性构成来决定。

PRIMARY KEY 约束的语法为

PRIMARY KEY [CLUSTERED](<列组>)

说明:用 PRIMARY KEY 约束定义了关系的主键后,每当用户程序在基本表中插入一条记录或者对主键进行更新操作时,RDBMS 将按照实体完整性规则进行自动检查。

(2) 参照完整性定义

关系模型的参照完整性可以通过在 CREATE TABLE 中用

FOREIGN KEY(<外键>)REFERENCES <被参照表名>(<与外键对应的主键名>)

约束定义。

(3) 用户自定义完整性定义

在 CREATE TABLE 语句中可以根据应用要求,定义属性及元组上的约束。当往表中插入元组或修改属性的值时,RDBMS 将检查约束条件是否被满足,若不满足则操作被拒绝执行。以下是常见的用户自定义的完整性约束。

① NOT NULL 或 NULL 约束:NOT NULL 约束不允许属性值为空,而 NULL 约束允许属性值为空,默认为 NULL。对关系的主属性必须限定为 NOT NULL,以满足实体完整性。

② UNIQUE 约束:UNIQUE 约束是唯一性约束,即不允许列中出现重复的属性值。

③ DEFAULT 约束:DEFAULT 约束为默认值约束。一般将列中的使用频率最高的属性值定义为 DEFAULT 约束中的默认值,可以减少数据输入的工作量。

④ CHECK 约束:CHECK 为检查约束。CHECK 约束通过约束条件表达式设置列值应满足的条件。

【例 8-2】 用 SQL 建立 CHOOSECOURSE(学生选课)数据库中的基本表。以下本章所有例题都基于此数据库。

首先创建一个学生-选课数据库,其中包括以下 3 个表,其关系模式如下。

学生表:S(SNO,SN,SD,SB,SEX)。

课程表:C(CNO,CN,PC)。

学生选课表:SC(SNO,CNO,GRADE)。

各个表中的数据示例及具体说明如表 8-2 至表 8-7 所示。

表 8-2 学生表 S

SNO(学号)	SN(姓名)	SD(所在系)	SB(出生日期)	SEX(性别)
S01	李明	计算机	1999-1-20	男
S02	王晨	软件工程	1999-7-12	女
S03	张军	计算机	1998-12-10	男
S04	刘玲	软件工程	1998-9-23	女

表 8-3 课程表 C

CNO(课程号)	CN(课程名)	PC(先修课程号)
C01	高等数学	—
C02	数据结构	C01
C03	操作系统	C02

表 8-4 学生选课表 SC

SNO(学号)	CNO(课程号)	GRADE(成绩)
S01	C01	93
S01	C02	98
S01	C03	85
S02	C03	78

表 8-5 S(学生表)数据说明

字 段 名	字 段 含 义	类 型	长 度
SNO	学号	CHAR	6
SN	姓名	CHAR	10
SD	所在系	CHAR	16
SB	出生日期	DATETIME	
SEX	性别	CHAR	2

表 8-6 (课程表)C 数据说明

字 段 名	字 段 含 义	类 型	长 度
CNO	课程号	CHAR	6
CN	课程名	CHAR	10
PC	先修课程号	CHAR	6

表 8-7 (成绩表)SC 数据说明

字 段 名	字 段 含 义	类 型	长 度
SNO	学号	CHAR	6
CNO	课程号	CHAR	6
GRADE	成绩	DEC(4,1)	

这里使用两种方式创建基本表。

第一种方式下,通过在 Navicat 主界面,在创建的 choosecourse 数据库中新建表,如图 8-24 和图 8-25 所示。

图 8-24 新建基本表

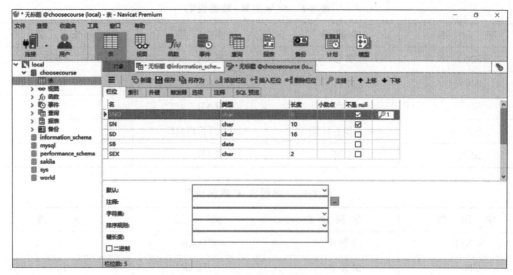

图 8-25　定义数据类型及约束条件

第二种方式下,通过 SQL 语言创建对应的数据表。

选中所要操作的数据库,选择"查询"选项,如图 8-26 所示。然后,单击"新建查询"按钮,打开一个新的查询编辑器,如图 8-27 所示。在新的查询编辑器中编写 SQL 语句,如图 8-28 所示。最后,单击"运行"按钮或者使用组合键 Ctrl+R 执行 SQL 语句,从而完成对数据库的批量操作。

图 8-26　新建一个查询

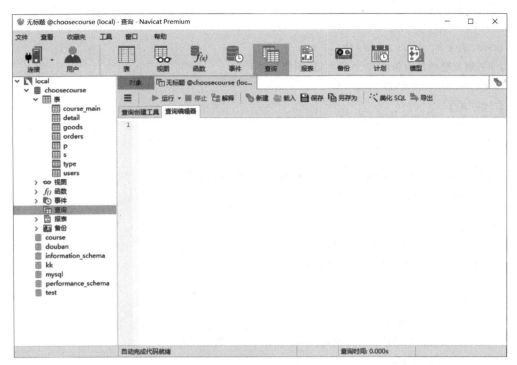

图 8-27 新的查询编辑器

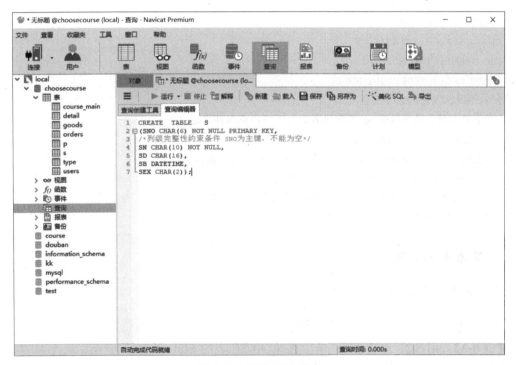

图 8-28 编写 SQL 语句

第 8 章 数据库及其基本操作

创建学生表 S 的 SQL 语句如下。

```
CREATE   TABLE   S
(SNO CHAR(6) NOT NULL PRIMARY KEY,
/*列级完整性约束条件,SNO 为主键,不能为空*/
SN CHAR(10) NOT NULL,
SD CHAR(16),
SB DATETIME,
SEX CHAR(2));
```

用同样的方式可以完成课程表 C 和选课表 SC 的创建。
创建课程表 C 的 SQL 语句如下。

```
CREATE   TABLE   C
(CNO CHAR (6) NOT NULL   PRIMARY KEY,
/*列级完整性约束条件,CNO 为主键,不能为空*/
CN CHAR (10),
PC CHAR (6),
FOREIGN KEY(PC) REFERENCES   C(CNO)
/*表级完整性约束条件,PC 为外键,参照 C 表的 CNO 属性列*/
);
```

创建选课表 SC 的 SQL 语句如下。

```
CREATE TABLE   SC
(SNO CHAR(6) NOT NULL,
CNO CHAR(6) NOT NULL,
GRADE DEC(4,1) DEFAULT NULL,
PRIMARY KEY (SNO,CNO),
/*主键由两个属性构成,必须作为表级完整性约束条件来定义*/
FOREIGN KEY (SNO) REFERENCES   S(SNO),
/*表级完整性约束条件,SNO 为外键,参照 S 表的 SNO 属性列*/
FOREIGN KEY (CNO) REFERENCES   C(CNO),
/*表级完整性约束条件,CNO 为外键,参照 C 表的 CNO 属性列*/
CHECK (GRADE BETWEEN 0.0 AND 100.0));
```

2. 基本表的删除

删除表的一般格式为

```
DROP TABLE <表名>[CASCADE|RESTRICT];
```

【例 8-3】 用 SQL 语言删除"学生选课"中 SC 表的 SQL 语句。
删除 SC 表中 SQL 语句的代码如下。

```
DROP TABLE   SC;
```

8.3 数 据 查 询

SELECT 语句具有数据查询、统计、分组和排序的功能,一个完整的数据查询语句的格式为

```
SELECT [ ALL|DISTINCT ]<目标列表达式 1>[,<目标列表达式 2>]…
FROM <表名或视图名 1>[,<表名或视图名 2>] …
[ WHERE <元组选择条件表达式>]
[ GROUP BY <属性列名 1>[, <属性列名 2>] [,… <属性列名 N>]
[ HAVING <组选择条件表达式>]]
[ ORDER BY <目标列名 1>[ASC|DESC] [,<目标列名 2>
                [ASC|DESC],…];
```

常用搜索条件如表 8-8 所示。

表 8-8 常用搜索条件

种 类	搜 索 条 件
比较操作符	=,>,<,>=,<=,<>
字符串比较	[NOT]LIKE
逻辑操作符	搜索条件组合:AND,OR,NOT
值的域	[NOT]BETWEEN
值的列表	[NOT]IN
未知的值	IS [NOT]NULL

8.3.1 SQL 的单表查询

1. 查询表中的若干列

【例 8-4】 查询所有学生的姓名和出生日期。
查询表中某些列的语句如下。

```
SELECT SN, SB  FROM  S;
```

查询结果如图 8-29 所示。

2. 查询全部列

星号"*"是字段组的省略写法,说明取全部字段。查询结果可显示各表中所有数据的情况。

【例 8-5】 查询学生关系表 S、课程关系表 C、学生选课关系表 SC 的所有信息。
查询基本表信息的代码如下。

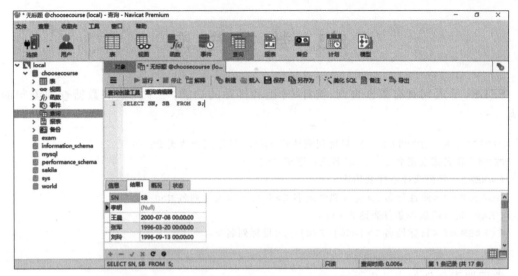

图 8-29　查询表中某些列

```
SELECT *    FROM   S;
SELECT *    FROM   C;
SELECT *    FROM   SC;
```

其中查询基本表 S 的结果如图 8-30 所示。

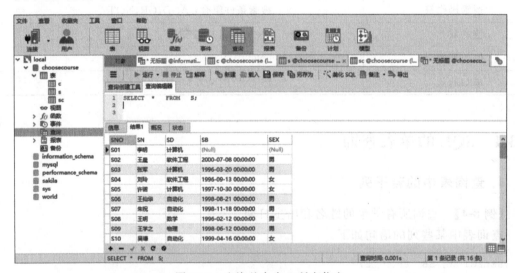

图 8-30　查询基本表 S 所有信息

3. 查询满足按条件的元组

【例 8-6】　查询姓名叫"王晨"的学生的个人信息。
查询语句如下。

```
SELECT *   FROM   S WHERE SN='王晨';
```

查询结果如图 8-31 所示。

图 8-31　例 8-6 的查询结果

【例 8-7】　查询成绩为 80～90 分的学生学号。
可以采用如下语句进行查询。

SELECT DISTINCT SNO FROM SC
WHERE GRADE BETWEEN 80 AND 90;

查询结果如图 8-32 所示。

SELECT DISTINCT SNO　FROM　SC ＃DISTINCT 表示去除重复选项
WHERE GRADE>=80 AND GRADE<=90;

查询结果如表 8-33 所示。

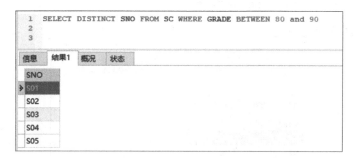

图 8-32　例 8-7 的查询结果 1

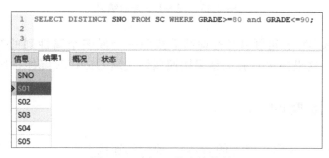

图 8-33　例 8-7 的查询结果 2

【例 8-8】　查询姓"王"的学员学号和姓名。
查询语句如下。

SELECT SNO,SN FROM　S　WHERE SN　LIKE '王%';

查询结果如图 8-34 所示。

第 8 章　数据库及其基本操作

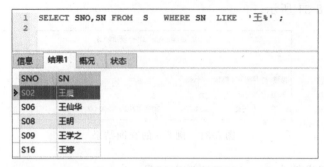

图 8-34 例 8-8 的查询结果

【例 8-9】 查询所有缺少选课成绩的学生的学号和相应的课程号。

可以采用如下语句进行查询。

SELECT SNO, CNO FROM SC WHERE GRADE IS NULL;

【例 8-10】 查询选修课程号为 C01 的学号和成绩，并按成绩降序排列。

查询语句如下。

SELECT SNO, GRADE   FROM SC
WHERE CNO ='C02' ORDER BY GRADE DESC;

查询结果如图 8-35 所示。

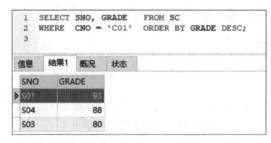

图 8-35 例 8-10r 查询结果

说明：ORDER BY 子句可以对查询结果按照一个或多个属性列的升序（ASC）或降序（DESC）进行排列。这里要求对查询结果按照属性成绩 GRADE 降序排序。

8.3.2 多表连接查询

若一个查询同时涉及两个以上的表，则需要用到连接查询。

【例 8-11】 查询每个学生的学号、姓名、选修课程名及对应的成绩。

学生学号姓名涉及学生表 S 表，选修课程名涉及课程表 C 表，成绩涉及选课表 SC 表。这个查询所需的信息来自于 3 张基本表，因此需要连接查询。

查询语句如下。

SELECT S.SNO, SN, CN, GRADE

FROM S, SC, C
WHERE S.SNO=SC.SNO AND SC.CNO=C.CNO;

查询结果如图 8-36 所示。

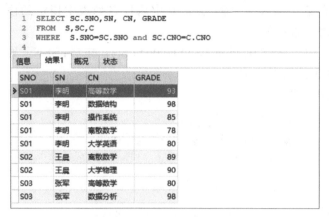

图 8-36　例 8-11 的查询结果

需要注意的是，在学生表 S 表和选课表 SC 表中都有属性 SNO，因此查询时，需要明确注明 SNO 来自于哪张基本表，如果没有歧义则不需要注明。

【例 8-12】　查询选修课程号为 C01 的学生姓名、课程名和成绩。

查询语句如下。

SELECT S.SN, C.CN, SC. GRADE
FROM S, SC, C
WHERE SC.CNO='C01' AND S.SNO=SC.SNO AND C.CNO=SC.CNO;

查询结果如图 8-37 所示。

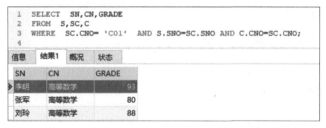

图 8-37　例 8-12 的查询结果

8.4　数据更新操作

8.4.1　插入数据

插入单个元组的 INSERT 语句的格式为

```
INSERT
INTO <表名>[(<属性列 1> [,<属性列 2>…])
VALUES (<常量 1> [,<常量 2>]…)
```

说明：向指定的表中插入一个新元组，其中属性名列表中指定的该元组的属性值分别为 VALUES 后的对应常量值。

【例 8-13】 将一个新学生记录（SNO：001；SN：陈浩；SEX：男；SD：计算机；SB：1990-10-15）插入学生关系表 S 中。

插入数据的代码如下。

```
INSERT INTO   S (SNO, SD, SN, SB, SEX)
VALUES   ('001','计算机','陈浩','1990-10-15','男');
```

也可以表示为

```
INSERT INTO   S
VALUES ('001','陈浩','计算机','1990-10-15','男');
```

8.4.2 修改数据

SQL 修改数据语句的格式为

```
UPDATE   <表名>
SET <属性名>=<表达式> [,<属性名>=<表达式>]…
[ WHERE <元组选择条件>]
```

注意，如果省略 WHERE 子句，则会对表中所有元组的相关属性进行修改。

【例 8-14】 修改学生表 S 中"王明"的所在系为"计算机"系。

修改数据的语句如下。

```
UPDATE   S   SET   SD='计算机'   WHERE SN='王明';
```

8.4.3 删除数据

SQL 删除数据语句的格式为

```
DELETE
FROM   <表名>
[ WHERE   <元组选择条件>];
```

注意，若无 WHERE 子句，则表示删除指定表中的所有元组，但不删除表定义，表定义仍在数据字典中。删除表定义，见 DROP TABLE。

【例 8-15】 将学号为 S11 的学生删除。

删除表中数据的语句如下。

```
DELETE FROM   S WHERE SNO='S11';
```

8.5　单元实验

根据前面建立的 CHOOSECOURSE（学生选课）数据库，利用 SQL 语言完成以下查询：

(1) 查询所有女学生的学号、姓名、所属系，并按学号倒序排列。

(2) 将 S 表中系别名称为"数学"的全部改为"应用数学"。

(3) 往 S 表中新增一名学生（输入个人信息）。

(4) 在 SC 表中删除缺少成绩的选课记录。

(5) 查询所有学生个人信息及选课情况，要求显示学号、姓名、性别、所属系、出生年月、选修课程号、课程名、成绩。

(6) 查询选修了高等数学的学生成绩，要求显示学号、姓名、课程号、课程名、成绩。

第 9 章 数据库访问

程序运行的时候，数据都是存储在内存中的，当程序运行结束的时候，通常要对数据进行保存。无论是保存到本地磁盘还是保存在网络的服务器上，最终都要将数据写入磁盘文件，而如何去存储数据是一个问题。

通常可以将数据用一个文本文档（如.txt 文件）来保存，也可以将数据用一个 Excel 文件来保存，还可以使用各种不同的格式对数据进行保存，但这就会产生一个问题，不同格式的数据的存储和读取需要用不同的程序代码去实现，如果要对这些数据实现查询功能，还得自己编写相关的代码，那么工作量将会非常大。因此，为了便于程序的保存和数据的读取，同时还能通过条件快速地查询到指定的数据，就要用到数据库这种专门用于数据集中存储和查询的软件，如第 8 章介绍的 MySQL 数据库。

MySQL 作为一款开源且免费的数据库管理软件，受到众多 Python 开发者的支持和欢迎，而且由于 MySQL 应用广泛，在使用中遇到问题的时候，通常也能比较方便地找到解决问题的办法。

有众多成熟的第三方库可以实现对 MySQL 数据库的访问。本章将以 PyMySQL 库为例，介绍在 Python 中如何实现对 MySQL 数据库的访问和数据的操作。

9.1 Python 的 Database API

所谓接口（Interface），在计算机领域中是指两个不同事物之间实现交互的地方，在这里指的是程序与程序之间的交互。所谓交互，其实就是传递数据，实现功能。也就是说，别人已经写好了可以实现特定功能的函数，我们根据开发者提供的说明，按照使用流程，传入规定格式的参数，然后这个函数就会帮助我们实现这些功能。有了接口，我们只需要知道某个程序应该如何正确使用以及它能够提供哪些功能即可，而不必关心它具体是怎么实现的。

Python 的标准数据库接口为 Python DataBase-API（以下简称 DB-API），DB-API 为开发人员提供了数据库的应用程序接口。

在没有 DB-API 之前，接口程序比较混乱。具体来说，由于最底层用的数据库技术不同，所以在应用程序中就要针对特定的数据库进行特定的编码，如果改变了所使用的底层数据库，那么之前编写的应用程序中关于数据库部分的代码也要进行相应的改变。不同的数据库就需要下载不同的 API 模块来进行连接，而且访问数据库的流程也各不相同。

例如，需要访问 MySQL 数据库、Oracle 数据库和 SQL Server 数据库，就需要分别使用对应的数据库连接模块，如图 9-1 所示。

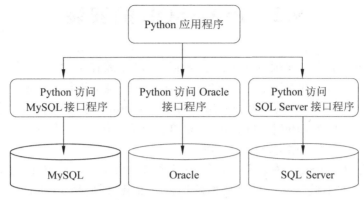

图 9-1　未使用 DB-API 之前的数据库连接方式

DB-API 是一个规范性的协议，它定义了一系列必须具备的对象和访问数据库的流程，为大多数的数据库实现了统一的接口。遵循这个协议，就可以用相似的方式和流程去操作不同的数据库，即使改变了底层所使用的数据库，也只需要修改很少的代码，如图 9-2 所示。

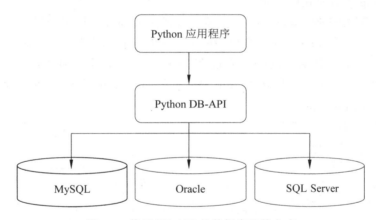

图 9-2　使用 DB-API 的数据库连接方式

下面是 DB-API 的一般使用流程。
（1）导入 DB-API 模块。
（2）连接数据库，创建 connect 对象，获取游标 cursor（详见 9.3.2 节）。
（3）使用游标 cursor 执行 SQL 语句或获取数据。
（4）关闭游标 cursor，关闭 connect 对象，断开数据库连接。

目前，DB-API 规范版本为 DB-API 2.0，其详细信息可以在 https://www.python.org/dev/peps/pep-0249 进行查询。

下面介绍 Python 访问 MySQL 数据库的方法，使用的第三方库 PyMySQL 完全遵循 DB-API 2.0 协议，是一个完全由 Python 实现的 MySQL 应用程序端操作库，支持事务处理、存储过程、批量执行等。

9.2 PyMySQL 的安装

由于 Python 语言的 3.x 版本并不向前兼容,所以导致在 Python 2 中可以正常使用的第三方库到了 Python 3 就无法使用,例如在 Python 2 环境下连接 MySQL 数据库最常用的 MySQLdb 库在 Python 3 环境下无法使用。目前,Python 3 连接 MySQL 数据库的主流方案是使用 PyMySQL 库,PyMySQL 库完全遵循 DB-API 2.0 协议。下面介绍如何在 Windows 环境下安装和使用 PyMySQL 库。

要安装使用 PyMySQL 库,要求编程环境是 Python 2.7 和 Python 3.4 以上版本,MySQL 数据库版本不低于 5.5,可以使用两种模式安装,即使用 Python 3 自带的 pip 工具在线安装或者使用离线安装包进行安装,下面分别介绍这两种安装模式。

9.2.1 在线安装模式

使用 pip 工具实现在线安装的具体步骤如下。

(1) 定位 pip 工具所在的目录。

在"开始菜单"中选择"运行"(以上步骤也可通过按 Win+R 组合键实现),在"运行"对话框中输入 cmd 打开 cmd 命令行窗口,在 cmd 命令行窗口下使用 cd 命令定位到 Python 安装路径下的 Scripts 目录。也可以通过在 Windows 中先定位到 Python 安装路径下的 Scripts 目录,再在上方地址栏中输入 cmd 命令并按回车键后,直接在 cmd 命令行窗口中定位到该文件夹,如图 9-3 和图 9-4 所示。

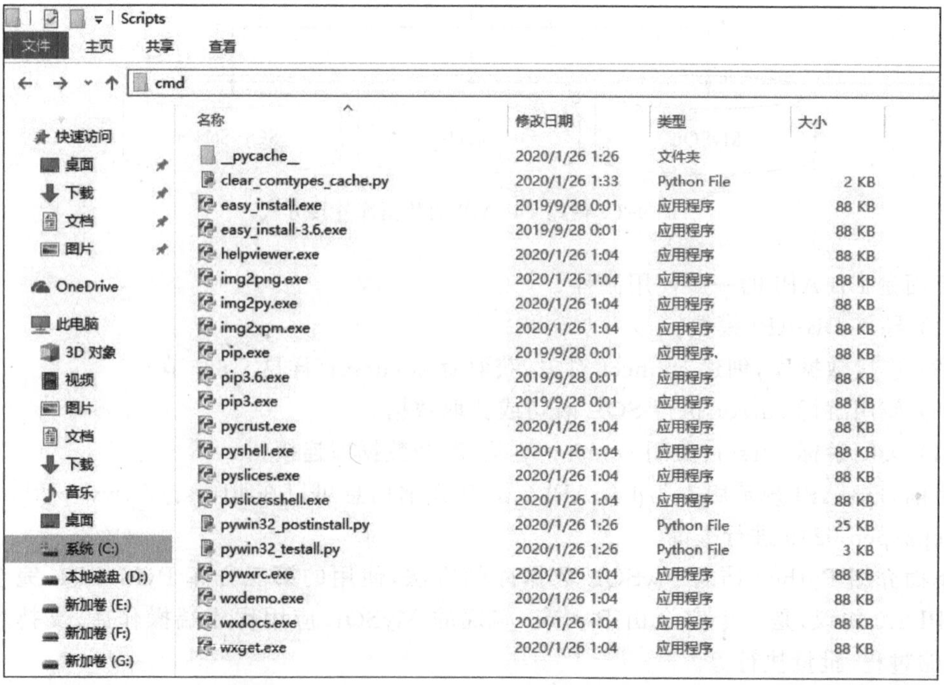

图 9-3 在 Scripts 目录的地址栏中输入 cmd

图 9-4　定位到 pip 工具所在的 Scripts 目录

（2）在 cmd 窗口中输入 pip install PyMySQL 并按回车键，系统开始在线自动安装。如果安装成功，则提示 Successfully installed PyMySQL-0.9.3，如图 9-5 所示。

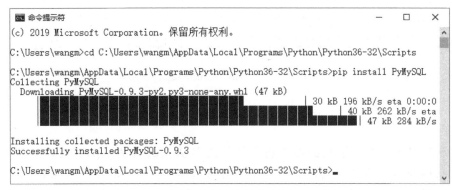

图 9-5　PyMySQL 安装成功

9.2.2　离线安装模式

离线安装的具体步骤如下。

（1）在 PyPI(Python Package Index，是 Python 官方的第三方库的仓库，官方网站地址为 https://pypi.org)中搜索 PyMySQL，在 PyMySQL 项目页面的左侧单击 Download files 标签，下载 PyMySQL 离线安装包。在 Windows 环境下，下载.whl 后缀的离线安装包即可；在 Linux 或 macOS 环境下，可选择以.tar.gz 为扩展名的文件下载，如图 9-6 所示。

图 9-6　下载 PyMySQL 离线安装包

(2) 安装 PyMySQL 离线包可以采用以下两种方式。

第一种安装方式和前述在线安装方式类似，使用 pip 工具安装离线包，如下载的离线包存储在 D 盘根目录下，先在 cmd 窗口下定位到 Scripts 目录，输入 pip install D:\PyMySQL-0.9.3-py2.py3-none-any.whl 开始安装，安装成功则提示 Successfully installed PyMySQL-0.9.3。如果曾安装成功，则提示环境已满足，如图 9-7 所示。

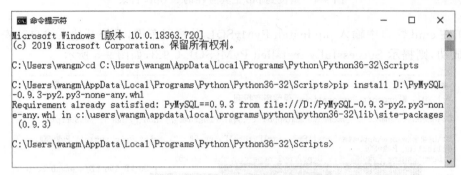

图 9-7 通过离线包安装 PyMySQL

第二种安装方式是将下载的离线包文件扩展名从 .whl 改为 .zip，就可以直接将下载的离线包进行解压缩。将解压缩得到的两个文件夹 pymysql、PyMySQL-0.9.3.dist-info 复制到 Python 安装路径下 Lib 目录下的 site-packages 子目录，也可以安装 PyMySQL 库。

9.3 PyMySQL 的连接和游标

9.3.1 连接 MySQL 数据库

要创建和数据库的连接，首先要导入 PyMySQL 库。导入 PyMySQL 库的代码如下。

```
import pymysql
```

使用 connect() 方法可以创建和数据库的连接，表 9-1 给出了 connect() 方法创建数据库连接时常用的参数。

表 9-1 connect() 方法创建数据库连接时常用的参数

参数	类型	说明
host	字符串	MySQL 服务器地址，若参数为空则默认为 localhost，也可以使用 127.0.0.1 表示本地地址
port	整型数值	数据库端口号，在未特殊指定的情况下 MySQL 默认端口号为 3306
user	字符串	连接数据库的用户名
password	字符串	连接数据库的密码
db	字符串	数据库名称
charset	字符串	数据库编码，为防止中文出现乱码，一般采用 UTF-8 字符编码

例如,现在要连接第 8 章中的 choosecourse 数据库,实现代码如下。

```
conn=pymysql.connect(host='127.0.0.1',
                    port=3306,
                    user='root',
                    password='sa',
                    db='choosecourse',
                    charset='utf8')
```

使用上面的代码可以将 connect 对象实例化,connect 对象支持的常用方法包括以下几种。

(1) cursor():使用该连接创建并返回游标。

(2) commit():提交事务,在进行数据的插入、更新、删除操作时,必须使用 commit() 手动提交。

(3) close():关闭数据库连接。

9.3.2 游标

仅仅连接到数据库还无法对数据库进行操作,使用 connect 对象的 cursor() 方法创建一个游标对象,使用游标(cursor)可以执行 SQL 语句和获取数据。创建游标的代码如下。

```
cursor=conn.cursor()
```

cursor 对象支持的常用方法包括以下几种。

(1) execute(SQL[,args]):执行一条 SQL 语句,args 是可选参数。

(2) executemany(SQL,args):批量执行 SQL 语句。

(3) fetchone():获取查询结果中的一行数据。

(4) fetchmany(n):获取查询结果中的 n 行数据。

(5) fetchall():获取查询结果中剩余的所有数据。

(6) close():关闭游标对象。

使用 cursor 对象的 execute() 方法执行 SQL 语句时,要注意 SQL 语句必须是一个字符串或指向字符串的变量。例如,现在要在数据库中查询表 S 中所有记录,代码如下。

```
sql="SELECT * FROM S"
cursor.execute(sql)
```

或者

```
cursor.execute("SELECT * FROM S")
```

通俗地讲,创建和数据库的连接对象 connect 后,可以视为在"用户"(Python 应用程序)和"仓库"(数据库)之间建立了一条公路,通过这条公路可以进行数据的传递,但此时还缺少运输的工具,游标对象 cursor 就是这条公路上的货车,通过游标这个运输工具,就可以将仓库中的数据取出(execute() 方法执行 SQL 语句)并送到用户手中。

9.4 数据库操作

这里使用已有的数据库 choosecourse,通过 Python 编程创建基本表,并完成对该表的数据插入、更新、删除、查询等操作。

9.4.1 表的新建和删除

首先是 exam 表的创建,其中属性包括学号(SNO)、课程号(CNO)、学分(CREDIT)、成绩(GRADE)。其中,GRADE 字段数据类型 DEC(4,1)表示共 4 位有效数字,小数点后保留 1 位。代码如下。

```
import pymysql
#连接数据库
conn=pymysql.connect(host='127.0.0.1',
                    port=3306,
                    user='root',
                    password='sa',
                    db='choosecourse',
                    charset='utf8')

#生成游标
cursor=conn.cursor()
#创建 exam 表的 SQL 语句
sql="""CREATE TABLE IF NOT EXISTS exam(
SNO CHAR(10) NOT NULL PRIMARY KEY,
CNO CHAR(10) NOT NULL,
CREDIT INT NOT NULL,
GRADE DEC(4,1)
)"""

#使用 execute()方法执行 SQL 语句
cursor.execute(sql)
```

此处 SQL 语句使用三重双引号来写,是为了暂时停用 Python 中行末即视为语句结束的规则,可以用多行内容表示一条语句。

删除表的代码如下。

```
#检查数据库,如果 exam 表存在则删除
cursor.execute("DROP TABLE IF EXISTS exam")
```

完整的代码如下。

```
import pymysql
```

```
#连接数据库
conn=pymysql.connect(host='127.0.0.1',
                     port=3306,
                     user='root',
                     password='sa',
                     db='choosecourse',
                     charset='utf8')
#生成游标
cursor=conn.cursor()
#检查数据库,如果exam表已经存在则先执行删除表的操作
cursor.execute("DROP TABLE IF EXISTS exam")
#创建exam表的SQL语句
sql="""CREATE TABLE IF NOT EXISTS exam(
SNO CHAR(10) NOT NULL PRIMARY KEY,
CNO CHAR(10) NOT NULL,
CREDIT INT NOT NULL,
GRADE DEC(4,1)
)"""
#使用execute()方法执行SQL语句
cursor.execute(sql)
#关闭游标
cursor.close()
#关闭数据库连接
conn.close()
```

执行结果如图9-8所示。

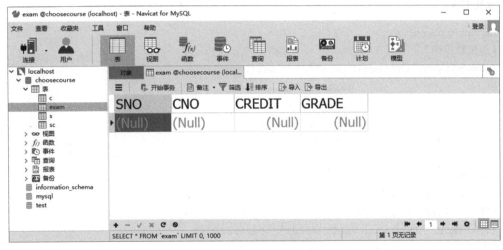

图9-8　代码执行结果

9.4.2　数据的插入

向新建的空表exam中插入数据,可以使用execute()方法一次插入一条数据,也可以

使用 executemany() 方法批量插入多条数据。

1. 一次向表中插入一条数据

向 exam 表中插入一条数据，代码如下。

```
#插入一条数据的 SQL 语句
sql="INSERT INTO exam VALUES('001','c01',2,90)"
#使用 execute()方法执行 SQL 语句
cursor.execute(sql)
```

2. 批量向表中插入多条数据

向 exam 表中批量插入多条数据，代码如下。

```
#插入多条数据的 SQL 语句
sql=" INSERT INTO exam VALUES(%s,%s,%s,%s)"
#使用一个列表存放要插入的多条数据
args=[('002','c02',3,85),('003','c02',3,80),('004','c03',3,90.5)]
#使用 executemany()方法批量插入数据
cursor.executemany(sql,args)
```

批量插入多条 SQL 语句采用的是 executemany(sql,args) 方法。该方法的两个参数中，sql 参数是要执行的 SQL 语句，args 参数是一个包含多个元组的列表，每个元组对应 MySQL 中的一条数据。注意，这里 SQL 语句中的 %s 不需要加引号，否则插入数据的代码执行时会出现错误。

完整代码如下。

```
import pymysql
#连接数据库
conn=pymysql.connect(host='127.0.0.1',
                     port=3306,
                     user='root',
                     password='sa',
                     db='choosecourse',
                     charset='utf8')
#生成游标
cursor=conn.cursor()
#插入一条数据的 SQL 语句
sql="INSERT INTO exam VALUES('001','c01',2,90)"
#使用 execute()方法执行 SQL 语句
cursor.execute(sql)
#插入多条数据的 SQL 语句
sql="INSERT INTO exam VALUES(%s,%s,%s,%s)"
#使用一个列表保存要插入的多条数据
args=[('002','c02',3,85),('003','c02',3,80),('004','c03',3,90.5)]
#使用 executemany()方法批量插入数据
```

```
cursor.executemany(sql,args)
#执行插入、更新、删除数据时必须使用commit()方法提交
conn.commit()
#关闭游标
cursor.close()
#关闭数据库连接
conn.close()
```

使用 Navicat 查看数据库，表 exam 中一共插入了 4 条新数据，如图 9-9 所示。

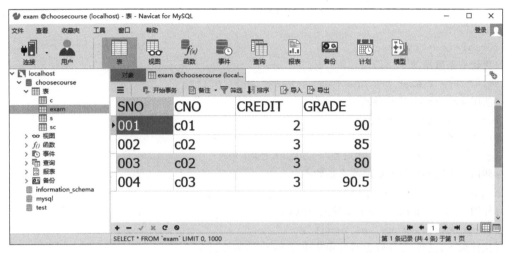

图 9-9　插入数据后的运行结果

9.4.3　数据的更新

通过使用 execute()方法或 executemany()方法，可以对数据库中的数据逐条更新或批量更新。

将表 exam 中学号为'001'的学生成绩更新为 87.5，具体代码如下。

```
#更新一条数据的SQL语句
sql="UPDATE exam SET GRADE=87.5 WHERE SNO='001'"
#使用execute()方法执行SQL语句
cursor.execute(sql)
```

批量更新数据，例如将学号'002'和'004'的学生成绩分别更新为 90 和 95，实现代码如下。

```
#更新多条数据的SQL语句
sql="UPDATE exam SET GRADE=%s WHERE SNO=%s"
#使用一个列表存放要更新的多条数据
args=[(90,'002'),(95,'004')]
#使用executemany()方法批量更新数据
cursor.executemany(sql,args)
```

注意，args 列表中元组元素的个数要与 SQL 语句中%s 的个数相匹配。

完整代码如下。

```python
import pymysql
#连接数据库
conn=pymysql.connect(host='127.0.0.1',
                     port=3306,
                     user='root',
                     password='sa',
                     db='choosecourse',
                     charset='utf8')
#生成游标
cursor=conn.cursor()
#更新一条数据的 SQL 语句
sql="UPDATE exam SET GRADE=87.5 WHERE SNO='001'"
#使用 execute()方法执行 SQL 语句
cursor.execute(sql)
#更新多条数据的 SQL 语句
sql="UPDATE exam SET GRADE=%s WHERE SNO=%s"
#使用一个列表存放要更新的多条数据
args=[(90,'002'),(95,'004')]
#使用 executemany()方法批量更新数据
cursor.executemany(sql,args)
#执行插入、更新、删除数据时必须使用 commit()方法提交
conn.commit()
#关闭游标
cursor.close()
#关闭数据库连接
conn.close()
```

执行结果如图 9-10 所示。

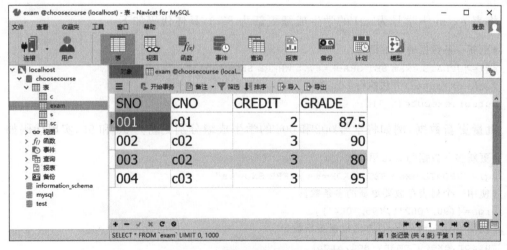

图 9-10　更新数据后的执行结果

9.4.4 数据的删除

删除 exam 表中学号为'001'的数据,代码如下。

```
#删除一条数据的 SQL 语句
sql="DELETE FROM exam WHERE SNO='001'"
#使用 execute()方法执行 SQL 语句
cursor.execute(sql)
```

完整代码如下。

```
import pymysql
#连接数据库
conn=pymysql.connect(host='127.0.0.1',
                    port=3306,
                    user='root',
                    password='sa',
                    db='choosecourse',
                    charset='utf8')
#生成游标
cursor=conn.cursor()

#删除一条数据的 SQL 语句
sql="DELETE FROM exam WHERE SNO='001'"
#使用 execute()方法执行 SQL 语句
cursor.execute(sql)
#执行插入、更新、删除数据时必须使用 commit()方法提交
conn.commit()
#关闭游标
cursor.close()
#关闭数据库连接
conn.close()
```

执行结果如图 9-11 所示。

事实上,在进行数据的删除时,同样可以使用 executemany()方法批量进行数据的删除。结合之前数据插入和更新的相关代码实例,请读者自己尝试编辑批量删除数据的代码。

9.4.5 数据的查询和提取

使用 execute()方法执行查询的 SQL 语句,就可以对数据库中的数据进行查询,但此时并没有真正获取到查询的数据。要在 Python 中提取这些数据,cursor 对象提供了 3 种提取数据的方法:fetchone、fetchmany、fetchall。这 3 种方法使用时都会导致游标移动,所以必须注意游标的位置。关于游标的控制在后面的进行介绍,首先介绍这 3 种方法的使用。表 9-2 给出了提取数据的 3 种方法。

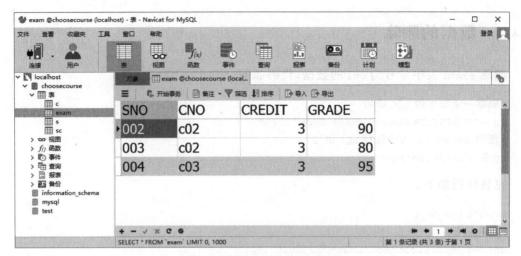

图 9-11　删除数据后的执行结果

表 9-2　提取数据的 3 种方法

方　　法	说　　明
fetchone()	获取下一行数据，第一次执行获取首行数据
fetchmany(n)	获取多行数据，具体是几行数据要看传递的 n 参数。如果不设置 n 参数，那么默认是获取下一行数据
fetchall()	获取剩余的所有数据

例如，查询表 exam 中所有数据，并使用 fetchone() 方法提取第一行数据，代码如下。

```
#查询表 exam 中所有数据的 SQL 语句
sql="SELECT * FROM exam"
#使用 execute()方法执行 SQL 语句
cursor.execute(sql)
#使用 fetchone()方法提取第一行数据，执行后游标自动指向下一行数据
row=cursor.fetchone()
```

如再次使用 fetchone() 方法，将得到下一行数据。完整代码如下。

```
import pymysql
#连接数据库
conn=pymysql.connect(host='127.0.0.1',
                     port=3306,
                     user='root',
                     password='sa',
                     db='choosecourse',
                     charset='utf8')
#生成游标
cursor=conn.cursor()
```

```
#查询表 exam 中所有数据的 SQL 语句
sql="SELECT * FROM exam"
#使用 execute()方法执行 SQL 语句
cursor.execute(sql)
#使用 fetchone()方法提取第一行数据,执行后游标自动指向下一行数据
row=cursor.fetchone()
#输出提取到的数据
print(row)
#提取第二行数据
row=cursor.fetchone()
#输出提取到的数据
print(row)

#关闭游标
cursor.close()
#关闭数据库连接
conn.close()
```

执行结果如图 9-12 所示。

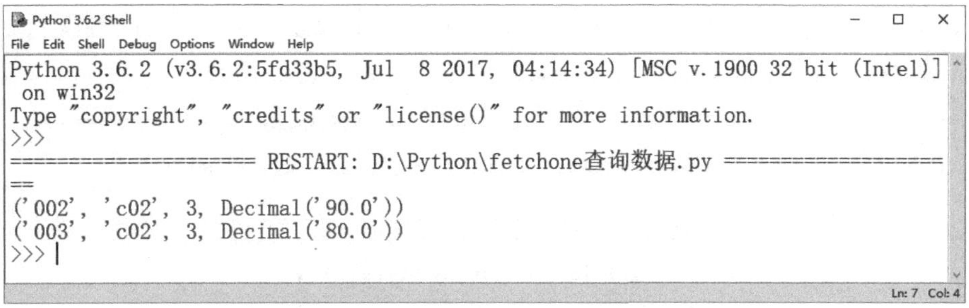

图 9-12　fetchone 执行结果

查询表 exam 中的所有数据,并使用 fetchmany()方法获取两行数据,代码如下。

```
#查询表 exam 中所有数据的 SQL 语句
sql="SELECT * FROM exam"
#使用 execute()方法执行 SQL 语句
cursor.execute(sql)
#使用 fetchmany()方法提取两行数据
row=cursor.fetchmany(2)
```

完整代码如下。

```
import pymysql
#连接数据库
conn=pymysql.connect(host='127.0.0.1',
                     port=3306,
                     user='root',
                     password='sa',
```

第 9 章　数据库访问

```
                db='choosecourse',
                charset='utf8')
#生成游标
cursor=conn.cursor()
#查询表exam中所有数据的SQL语句
sql="SELECT * FROM exam"
#使用execute()方法执行SQL语句
cursor.execute(sql)
#使用fetchmany()方法提取两行数据
row=cursor.fetchmany(2)
#输出提取到的数据
print(row)
#关闭游标
cursor.close()
#关闭数据库连接
conn.close()
```

执行结果如图9-13所示。

```
Python 3.6.2 (v3.6.2:5fd33b5, Jul  8 2017, 04:14:34) [MSC v.1900 32 bit (Intel)]
 on win32
Type "copyright", "credits" or "license()" for more information.
>>>
==================== RESTART: D:/Python/fetchmany查询数据.py ====================
(('002', 'c02', 3, Decimal('90.0')), ('003', 'c02', 3, Decimal('80.0')))
>>>
```

图9-13 fetchmany执行结果

查询表exam中所有数据,并使用fetchall()方法获取所有数据,代码如下。

```
#查询表exam中所有数据的SQL语句
sql="SELECT * FROM exam"
#使用execute()方法执行SQL语句
cursor.execute(sql)
#使用fetchall()方法获取所有数据
row=cursor.fetchall()
```

完整代码如下。

```
import pymysql
#连接数据库
conn=pymysql.connect(host='127.0.0.1',
                port=3306,
                user='root',
                password='sa',
                db='choosecourse',
                charset='utf8')
```

```
#生成游标
cursor=conn.cursor()
#查询表 exam 中所有数据的 SQL 语句
sql="SELECT * FROM exam "
#使用 execute()方法执行 SQL 语句
cursor.execute(sql)
#使用 fetchall()方法获取所有数据
row=cursor.fetchall()
#输出提取到的数据
print(row)
#关闭游标
cursor.close()
#关闭数据库连接
conn.close()
```

执行结果如图 9-14 所示。

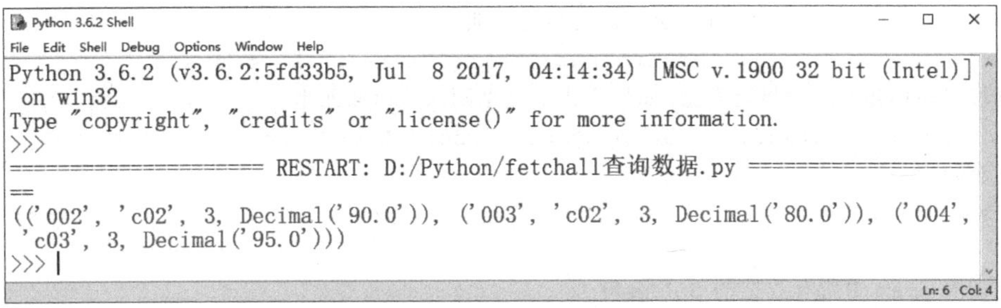

图 9-14 fetchall 执行结果

从上面的执行结果可以看到,fetchone()方法返回单个元组,也就是每执行一次获得一条数据;fetchmany()和 fetchall()方法也是返回元组,该元组中每个元素表示一条数据,同时这些数据的类型也是元组。如果查询未获得结果,则以上 3 种方法的返回值都为 None。需要注意的是,在 MySQL 中表示空数据是用 null,而在 Python 中表示空数据是用 None。

9.4.6　查询结果的返回值类型

通过 9.4.5 节内容,可以看到通过 fetchone()、fetchmany()和 fetchall()方法查询时获取的返回值的数据类型都是元组,只能看到数据的内容,并不能知道这些数据对应的列表属性是什么。这是由于游标 cursor 对象在创建的时候默认类型就是元组,这时可以使用以下两种方式来将游标对象的类型设置为字典,这样每一行的数据都会生成一个字典,就可以清楚地看到数据对应的列表属性是什么了。

第一种方法,在创建连接的时候,通过 cursorclass 参数指定游标类型,代码如下。

```
conn=pymysql.connect(host='127.0.0.1',
                     port=3306,
                     user='root',
                     password='sa',
```

```
                    db='choosecourse',
                    charset='utf8',
                    cursorclass=pymysql.cursors.DictCursor)
```

第二种方法,在创建游标时指定类型,代码如下。

```
cursor=connection.cursor(cursor=pymysql.cursors.DictCursor)
```

完整代码如下所示。

```
import pymysql
#连接数据库
conn=pymysql.connect(host='127.0.0.1',
                    port=3306,
                    user='root',
                    password='sa',
                    db='choosecourse',
                    charset='utf8',
                    #设置游标类型为字典
                    cursorclass=pymysql.cursors.DictCursor)
#也可以在创建游标时指定类型,如果不指定类型则默认返回元组
#cursor=conn.cursor(cursor=pymysql.cursors.DictCursor)
#创建游标
cursor=conn.cursor()

#查询表 exam 中所有数据的 SQL 语句
sql="SELECT * FROM exam "
#使用 execute()方法执行 SQL 语句
cursor.execute(sql)
#使用 fetchone()方法获取一条数据
row=cursor.fetchone()
#输出提取到的数据
print(row)

#关闭游标
cursor.close()
#关闭数据库连接
conn.close()
```

执行结果如图 9-15 所示。

```
Python 3.6.2 Shell
File Edit Shell Debug Options Window Help
Python 3.6.2 (v3.6.2:5fd33b5, Jul  8 2017, 04:14:34) [MSC v.1900 32 bit (Intel)]
 on win32
Type "copyright", "credits" or "license()" for more information.
>>>
===================== RESTART: D:/Python/设置游标类型为字典.py ================
======
{'SNO': '002', 'CNO': 'c02', 'CREDIT': 3, 'GRADE': Decimal('90.0')}
>>>
Ln: 6 Col: 4
```

图 9-15 设置游标类型为字典的执行结果

9.4.7 移动游标

在使用 fetchone() 方法获取行数据的时候,可以理解为开始的时候游标指向第一行数据,获取一行数据,它就向下移动一行,所以当移动到最后一行后,就不能再获取到数据。如果使用 fetchall() 方法,那么游标会直接移动到最后一行,即使再次执行查询,也得不到数据。所以,可以使用如下方法来移动行游标。

```
#相对当前位置向上移动一行
cursor.scroll(-1,mode='relative')
#相对绝对位置,也就是首行向下移动两行
cursor.scroll(2,mode='absolute')
```

第一个参数为移动的行数,正数为向下移动,负数为向上移动。mode 指定的是相对当前位置进行移动,还是相对于首行进行移动。

看一个具体的例子,共执行 3 次 fetchall。第一次执行正常输出查询结果,此时游标指向最后一行数据下方;第二次执行时,由于当前游标的位置指向最后一行数据下方,因此未能获取到数据;第三次执行前通过 scroll 方法移动游标,再次执行 fetchall 获得剩余的所有数据。完整代码如下所示。

```
import pymysql
#连接数据库
conn=pymysql.connect(host='127.0.0.1',
                    port=3306,
                    user='root',
                    password='sa',
                    db='choosecourse',
                    charset='utf8')

#创建游标
cursor=conn.cursor()

#查询表 exam 中所有数据的 SQL 语句
sql="SELECT * FROM exam "
#使用 execute()方法执行 SQL 语句
cursor.execute(sql)
#使用 fetchall()方法第一次获取数据
row=cursor.fetchall()
#输出提取到的数据
print("第一次查询输出数据:")
print(row)
#使用 fetchall()方法第二次获取数据
row=cursor.fetchall()
#输出提取到的数据
print("第二次查询输出数据:")
print(row)
```

```
#将游标位置相对当前位置向上移动 2 行
cursor.scroll(-2,mode="relative")
#使用 fetchall()方法第三次获取数据
row=cursor.fetchall()
#输出提取到的数据
print("第三次查询输出数据:")
print(row)

#关闭游标
cursor.close()
#关闭数据库连接
conn.close()
```

执行结果如图 9-16 所示。

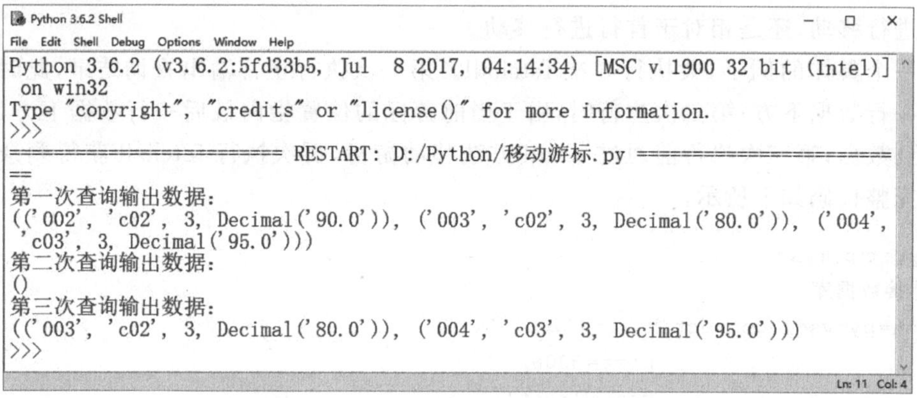

图 9-16 执行结果

9.5 单元实验

连接已有的数据库 choosecourse,对其中的 S、C、SC 表,实现以下函数功能。
(1) 查询 S 表中所有女学生的学号、姓名、所属系,并按照学号倒序排列,无参数。
(2) 将 S 表中系别名称为"数学"的全部改为"应用数学",无参数。
(3) 在 SC 表中删除缺少成绩的选课记录,无参数。
(4) 在 C 表中批量插入两门课程信息,课程号和课程名称不可为空,无参数。
(5) 查询某个课程的所有成绩,显示学号、课程号、成绩以及参数和课程号。执行时需手动输入待查课程号。
(6) 设置游标类型为字典类型,查询 S 表中前两条数据并输出,然后将游标向下移动 2 行并输出下一行数据,无参数。

第10章 网络通信应用

计算机网络是指将地理位置不同的、具有独立功能的多台计算机及其外部设备,通过通信线路连接起来,在网络操作系统、网络管理软件以及网络通信协议的管理和协调下,实现资源共享和信息传递的计算机系统。考虑到"现代社会是运行在计算机网络上的社会",网络通信实验是大学计算机基础实验中非常重要的一个环节。本章将通过 Python 语言讲解 3 类常见的计算机网络实验:进程通信、邮件收发、网站访问。

10.1 进程通信

网络中的两个程序可以通过一个双向的通信连接实现数据的交换,其中传输层实现端到端的通信。因此,每一个传输层连接有两个端点,称为套接字(Socket)。Socket 起源于 UNIX,用于描述 IP 地址和接口,规定并实现了一套计算机之间通过网络通信的函数。套接字 Socket 可以描述为 Socket=(IP 地址:端口号),如果 IP 地址是 192.168.1.8,而端口号是 8080,那么得到套接字就是(192.168.1.8:8080)。

目前 Socket 并不局限于某种通信协议或操作系统,可以理解为一组类似于"傻瓜式"的接口集合,这些接口掩盖了计算机网络协议与操作系统的细节,使用方便灵活。

Socket 通信的一般工作流程如图 10-1 所示。

在多种计算机语言中都有完整的套接字模块定义,只需通过简单的调用语句即可实现相应的功能,Python 也有自带 Socket 模块,方便用户使用。

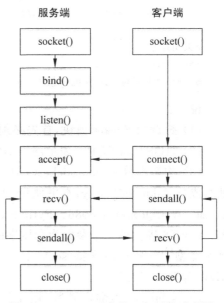

图 10-1 Socket 通信的一般工作流程图

10.1.1 半双工 Socket 通信

首先看一个简单的本机 Socket 应用实例,此实例只完成以下功能。

(1) 使用 Socket 模块建立一个服务器端,等待客户端连接,并将客户端发送来的数据原样返回。

（2）使用 Socket 模块建立一个客户端，连接服务器端，并发送简单数据。

新建服务器端文件 service1.py，代码如下。

```python
#服务端 service1.py
import socket
HOST = '127.0.0.1'
PORT = 8888
s = socket.socket(socket.AF_INET, socket.SOCK_STREAM)
s.bind((HOST, PORT))
s.listen(1)
print("服务器正在运行……")

#连接客户端
conn, addr = s.accept()
print('Connected by', addr)
#实现与客户端通信
while True:
#接收客户端数据
    data = conn.recv(1024)
    print("客户端", HOST, "发来的数据:", data.decode('utf-8'))
#发送数据给客户端
    data = input("请输入要发送的数据:")
    conn.send(data.encode())

#关闭连接
conn.close()
print("关闭与%s:%s 的链接"  %addr)
```

说明：

（1）想调用 Socket 模块，首先必须使用 import socket 引入调用。

（2）HOST 和 PORT 表示网络 IP 地址与端口设置，这里的 127.0.0.1 为本机 IP 地址。

（3）构造函数 socket.socket() 构造了一个套接字对象 s，其中第一个参数为套接字的地址类成员 AddressFamily，本书使用的 socket.AF_INET 为 IPV4 类地址或一个合法的网址，如 www.lgdx.mtn:8086。Python 还支持其他类型的地址，如 socket.AF_UNIX、socket.AF_INET6 等。第二个参数为套接字的类型，本例使用的是 socket.SOCK_STREAM 流套接字类型，Python 还支持 socket.SOCK_DGRAM、socket.SOCK_RAW、socket.SOCK_RDW 等套接字类型。

（4）s.bind() 为绑定函数，用于绑定一个 socket.AF_INET 类地址，参数为（HOST, PORT）组成的一个双元组，即预设的 IP 地址+端口号。

（5）s.listen(1) 实现了一个"监听"服务器，负责等待客户端的连接，参数设置为 1 代表服务端只接受一个客户端的连接请求，如果设置为 5 则表示最大可以接受 5 个客户端的连接请求（采用排队服务方式，一次只服务一个客户端），超出 5 个请求的则被拒绝。

（6）s.accept() 表示接受一个客户端的连接请求，将建立起来的连接（一个新的套接字对象）与客户端 IP 地址赋值给变量 conn 与 addr。

（7）循环体内 conn.recv(20) 函数用于一次接收长度为 20 个字节的数据,并将数据保存在变量 data 中,如果 data 不为空,再使用 sendall(data) 函数将数据发回客户端。

（8）close() 函数关闭套接字连接。

再新建客户端文件 client1.py,代码如下。

```python
#客户端 client1.py
import socket
HOST = '127.0.0.1'
PORT = 8888
s = socket.socket(socket.AF_INET, socket.SOCK_STREAM)
#连接服务器
s.connect((HOST,PORT))

#实现与服务器通信
while True:
#接收服务器数据
    data = input("请输入要发送的数据:")
    s.send(data.encode())
#发送数据给服务器
    data = s.recv(1024)
    print("服务器",HOST,"端发来的数据:",data.decode('utf-8'))

#关闭连接
s.close()
```

说明:

（1）客户端可以通过直接使用 connect((HOST,PORT)) 函数主动连接服务器端,其中参数的内容必须和服务端地址(HOST,PORT)设置一致,才能连接成功。本例中服务器端配置为('127.0.0.1',PORT = 5000)。

（2）s.send(data.encode()) 将键盘接收到的字符串 data 发送出去。

（3）s.recv(1024) 函数一次接收 1024 字节数据,并将数据存入变量 data 中。

执行的时候,务必先运行服务器程序 service1.py,再运行客户端程序 client1.py,数据通信为依次输入。运行结果如图 10-2 所示。

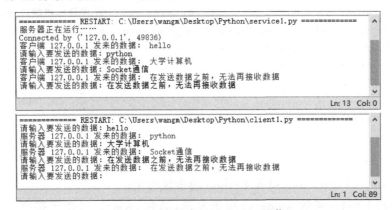

图 10-2　本机半双工 Socket 通信

10.1.2 全双工 Socket 通信

从图 10-2 实验结果可以看出,上述代码只能以"半双工"的工作方式通信,即在一条通信链路中,尽管可以在两个方向上传输,但是不能同时传输。如果想实现像 QQ 或微信一样在两个方向上同时传输的"全双工"通信方式,可采用 Python 的多线程技术同时创建多个 Socket 套接字,把发送或接收数据的功能放在独立的线程中,实现"收"与"发"同时运行。

因为使用了多线程技术,在一个程序中即可实现服务器端与客户端收与发,代码如下。

```
import socket
import threading

def sender(host,port):
    s=socket.socket(socket.AF_INET,socket.SOCK_STREAM)
    s.connect((host,port))
    while 1:
        message=input('message to send: ')
        s.sendall(bytes(message,encoding='utf-8'))
def receiver():
    HOST='127.0.0.1'              #默认本机 IP 地址
    PORT=8888                     #本机使用的端口
    s=socket.socket(socket.AF_INET,socket.SOCK_STREAM)
    s.bind((HOST,PORT))
    s.listen(1)
    conn,addr=s.accept()
    while 1:
        data=conn.recv(1024)
        print()
        print('message from ',addr,': ',repr(data))
        print('message to send: ')

def main():
    host=target_host              #把 target_host 换成目标机 IP 地址
    port=target_port              #把 target_port 换成目标机端口地址
    sender_thread=threading.Thread(target=sender, args=(host,port))
    receiver_thread=threading.Thread(target=receiver, args=())
    sender_thread.start()
    receiver_thread.start()

if __name__=="__main__":
    main()
```

说明:

(1) 通过 import threading 引入 Python 的多线程包。

(2) 创建两个函数,函数 sender()用于发送,函数 receiver()用于接收。基本思想是:

把半双工 Socket 的客户端与服务器端两段代码分别填入函数 sender()与 receiver()。

（3）代码最后分别启动两个线程，分别对应客户端代码与服务器端代码，这样即在一个程序中使用多线程技术创建了两个 Socket 套接字，一个用于客户端发送数据，一个用于服务器端接收数据。

（4）将程序复制到两个不同的终端，正确填写对方的 IP 地址与端口号，同时运行后即可实现全双工的通信过程。

代码运行后结果如图 10-3 所示。

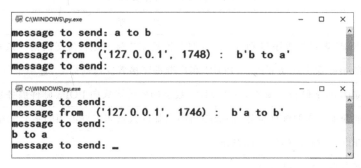

图 10-3　本机全双工 Socket 通信

10.2　邮件收发

电子邮件协议有很多，最常见的有 POP3、IMAP4、SMTP 等。其中，POP3 与 IMAP4 为邮件接收协议，SMTP 为邮件发送协议。

电子邮件协议的典型工作流程如图 10-4 所示。

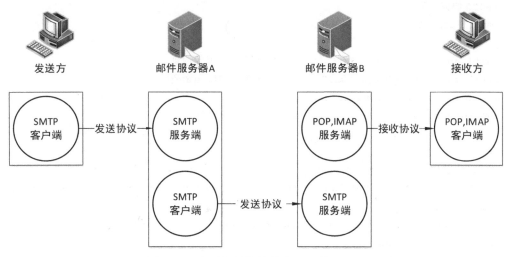

图 10-4　电子邮件协议的典型工作流程图

10.2.1 POP3 协议

POP3 协议用于接收方从接收邮件服务器接收邮件,协议简单但应用范围很广,是 POP 邮局协议(Post Office Protocal)的第 3 版,默认端口 110。POP3 协议主要命令描述如表 10-1 所示。

表 10-1 POP3 协议主要命令

POP3 命令	说 明
user	POP3 客户端程序与 POP3 邮件服务器建立连接后通常发送的第一条命令
pass	在 user 命令成功通过后,POP3 客户端程序接着发送的命令,它用于传递账户的密码
apop	替代 user 和 pass 命令,它以 MD5 数字摘要的形式向 POP3 邮件服务器提交账户密码
stat	查询邮箱中的统计信息,例如邮箱中的邮件数量和邮件占用的字节大小等
uidl	查询某封邮件的唯一标志符
list	列出邮箱中的邮件信息
retr	获取某封邮件的内容
dele	在某封邮件上设置删除标记
rest	清除所有邮件的删除标记
top	获取某封邮件的邮件头和邮件体中的前 n 行内容
noop	检测 POP3 客户端与 POP3 服务器的连接情况

新建文件 pop3.py,邮件访问代码如下。

```
#POP3 协议代码
import poplib

email_address ="dxjsj_2020@163.com"    #完整的邮件地址
email_password ="dxjsj2020"            #正确的邮箱密码
pop_server_host ="pop.163.com"
pop_server_port =110

try:
    print("Connecting......")
    email_server = poplib.POP3(host=pop_server_host, port=pop_server_port,
timeout=5)
    print("pop3: connect server success, now will check username")
except Exception as e :
    print("pop3: ",e)
    exit(1)

try:
```

```
        email_server.user(email_address)
        print("pop3: username exist, now will check password")
    except Exception as e:
        print("pop3: ",e)
        exit(1)

    try:
        email_server.pass_(email_password)
        print("pop3: password correct,now will list email")
    except Exception as e:
        print("pop3: ",e)
        exit(1)
    resp, mails, octets =email_server.list()
    print(mails)
    index =len(mails)
    resp, lines, octets =email_server.retr(index)
    msg_content =b'\r\n'.join(lines)
    msg_content =msg_content.decode()
    print(msg_content)
    email_server.close()
```

说明：

(1) 调用 POP3 协议需要使用 import poplib 引入 poplib 邮局协议模块。

(2) 变量 email_address 用于存放完整的邮件地址；变量 email_password 用于存放相应的邮件密码；变量 pop_server_host 用于存放邮箱服务器地址，很多主流的邮件服务器支持多种邮件协议，在这里要注意填入的是邮件服务器的 POP 服务地址；变量 pop_server_port 用于存放邮件服务器端口，POP3 协议默认端口为 110。

(3) "try: except Exception as e:"的代码结构用于捕捉连接服务器过程中可能会返回的各种错误信息。当出现连接失败等异常时，使用 print('pop3：',e)代码打印错误信息并通过 exit(1)退出。

(4) poplib.POP3()函数用于连接 POP3 服务器，POP3()函数的 3 个参数分别为服务器地址、服务器端口、超时时长。如果连接服务器成功，email_server.user(email_address)检查在该服务器上邮件地址 email_address 是否存在，如果存在则连接该邮件地址，通过代码 email_server.pass(email_ password)将密码传送到服务器，并登录该用户；如果用户名或密码不正确，则结果会由 try 捕获异常，结果如图 10-5 所示。

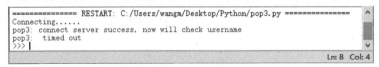

图 10-5　登录异常

如果能够成功登录，则结果如图 10-6 所示。

(5) list()函数返回服务器上的邮件列表 mails，通过 print(mails)查看列表信息，信息

```
=============== RESTART: C:/Users/wangm/Desktop/Python/pop3.py ===============
Connecting......
pop3: connect server success, now will check username
pop3: username exist, now will check password
pop3:   b'-ERR \xc4\xfa\xc3\xbb\xd3\xd0\xc8\xa8\xcf\xde\xca\xb9\xd3\xc3pop3\xb9\x
a6\xc4\xdc'
>>>
```

图 10-6 登录成功

格式为[b'1 1811', b'2 41994', b'3 2173933', b'4 1368', …, b'61 4573380', b'62 28839', b'63 4224', b'64 5051']。其中,b'后面数字表示是序号,对此信息进行简单分析后可以看出,邮件序号是从 1 开始的。

(6) email_server.retr(index)函数用于获取最新一封邮件,并将邮件的原始文本以二进制的方式存储在变量 msg_content 中。

(7) msg_content.decode()函数用于将二进制字节数据类型转换成字符串数据。

(8) print(msg_content)函数打印邮件内容,结果如图 10-7 所示。

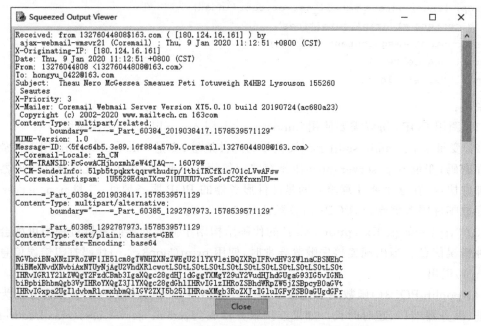

图 10-7 使用 POP3 协议获取的电子邮件内容

通过对这段字符串内容进行简单分析,可以得到发送方(From)、接收方(To)、主题(Subject)、服务器版本(Webmail Server Version)、邮件接收时间(Date)等基本信息。如果想完整地解读邮件内容,可以通过 Python 自带的 email.parser()、email.header()、email.utils()3 个函数进行解析。

10.2.2 IMAP4 协议

IMAP(Internet Mail Access Protocal)因特网邮件读取协议,最新版本为 IMAP4,默认端口 143。其工作时由邮件接收用户主机上的 IMAP 客户端与邮件服务器上的 IMAP4 服务端建立 TCP 连接,与 POP3 不同的是 IMAP4 协议支持用户在下载邮件之前检查邮件首部、对邮件进行关键字搜索、部分下载电子邮件,支持邮件文件夹的组织(增加、删除、更改)等功能。IMAP4 协议主要命令描述如表 10-2 所示。

表 10-2 IMAP4 协议主要命令

IMAP4 命令	说 明
LIST	列出邮箱中已有的文件夹
SELECT	让客户端选定某个邮箱(Folder),表示即将对该邮箱(Folder)内的邮件进行操作
CREATE	可以创建指定名字的新邮箱。邮箱名称通常是带路径的文件夹全名
DELETE	删除指定名字的文件夹。文件夹名字通常是带路径的文件夹全名,当邮箱被删除后,其中的邮件也不复存在
RENAME	可以修改文件夹的名称,它使用两个参数,即当前邮箱名和新邮箱名,两个参数的命名符合标准路径命名规则
APPEND	允许 Client 上载一个邮件到指定的 Folder(文件夹/邮箱)中
FETCH	用于读取邮件的文本信息,且仅用于显示目的
STORE	用于修改指定邮件的属性,包括给邮件打上已读标记、删除标记等
CLOSE	表示客户端结束对当前 Folder(文件夹/邮箱)的访问,关闭邮箱该邮箱中所有标志位,DELETED 的邮件就被从物理上删除。CLOSE 没有命令参数
STATUS	查询邮箱的当前状态
LOGOUT	使当前登录用户退出登录并关闭所有打开的邮箱,任何做了\DELETED 标志的邮件都将在这个时候被删除

新建邮件访问文件 imap4.py,代码如下。

```
# IMAP4 协议代码
import imaplib
import email
try:
    connection = imaplib.IMAP4('imap.21cn.com',143)
    connection.login('mailAddress@21cn.com','mailPassword')
except Exception as e :
    print('IMAP4: ',e)
try:
    print(connection.list())
    connection.select("INBOX")
    typ, data = connection.search(None, 'ALL')
    print(data)
    type,data1=connection.fetch('1','(RFC822)')
    msg=email.message_from_string(data1[0][1].decode())
    print(msg)
except Exception as e :
    print('IMAP4: ',e)
```

说明:

(1) IMAP 模块的调用需要通过 import imaplib 引入 Python 的 imaplib 包,并通过 import email 引入 Python 的 email 包。

(2) imaplib.IMAP4('imap.21cn.com',143)连接 IMAP 邮件服务器,端口为 143。

(3) connection.login()函数用于进行用户登录操作,两个参数分别为合法的邮件地址和有效的邮箱密码。

(4) print(connection.list())打印该邮箱的所有文件夹,结果如下。

('OK', [b'(\\Marked) "/" "INBOX"', b'(\\Marked) "/" "&g0l6P3ux-"', b'(\\Marked) "/" "&XfJT0ZAB-"', b'(\\Marked) "/" "&V4NXPnux-"', b'(\\Marked) "/" "&XfJSIJZk-"', b'(\\Marked) "/" "&Xn9USmWHTvZZOQ-"', b'(\\Marked) "/" "Sent Items"', b'(\\Marked) "/" "Deleted Items"'])

通过阅读以上信息可以看出此邮件服务器包括 INBOX、Sent Items、Deleted Items 等邮件文件夹。

(5) connection.select("INBOX")为连接 connection 选定 INBOX 邮件收件夹,部分邮件服务器(如 163.com 等)因为不同的安全措施会要求在获取邮件时输入动态密码,造成选定文件夹失败,无法进行下一步的获取邮件操作。

(6) search()函数搜索邮件,本书的代码使用参数(None,'ALL')表示搜索所有邮件,如果想搜索特定邮件可更改 None 参数为某关键字,如 search('Python','all');本书此段代码的运行结果为[b'1'],表示收件箱只有一封新邮件。

(7) fetch()函数获取这一封邮件,并存入变量 data1 中。

(8) print(msg)函数用于打印电子邮件内容,结果如图 10-8 所示。

图 10-8　IMAP4 获取的电子邮件内容

10.2.3 SMTP 协议

SMTP(Simple Mail Transfer Protocol)协议是一种建立在文件传输协议之上的邮件传送协议,默认端口 25。其工作需要一条可靠的传输信道支持,SMTP 协议属于 TCP/IP 簇,它帮助每个邮件发送方找到下一个目的地。SMTP 协议重要的特性之一是其"中继"功能,可以实现跨多个不同网络的邮件发送。

新建使用 SMTP 协议的文件 smtp.py,代码示例如下。

```
#SMTP 协议代码
import smtplib
from email.mime.text import MIMEText
from email.header import Header
mail_sender = '邮件发送者地址'
mail_receiver = '邮件接收者地址'
mail_message = MIMEText('邮件主体内容', 'text', 'utf-8')
mail_message ['From'] = Header("洪先生", 'utf-8')
mail_message ['To'] =   Header("王女士", 'utf-8')
mail_message ['Subject'] = Header("邮件主题", 'utf-8')
try:
    smtp_server = smtplib.SMTP('邮件服务器',25)
    smtp_server.ehlo()
    smtp_server.starttls()
    smtp_server.login(mail_sender,'密码或授权码')
    smtp_server.sendmail(mail_sender, mail_receiver, mail_message.as_string())
    print( "邮件已发送")
except smtplib.SMTPException as e:
    print(e)
```

说明:

(1) 首先通过 import smtplib 引用 Python 的 smtp 包;引入 MIMEText 与 Header 模块用于构建待发送邮件的主体与邮件头信息。

(2) 分别使用变量 mail_sender 与 mail_receiver 存储邮件发送者与邮件接收者的有效地址。

(3) 通过 MIMEText()函数生成邮件主体,该函数有 3 个参数:邮件主体内容,邮件格式(如 html、plain、text 等),选用编码(如 utf-8)。

(4) 使用 mail_message ['From']与 mail_message ['To']设置邮件的发送者称谓与接收者称谓。

(5) 使用 mail_message ['Subject']设置邮件的主题。

(6) 函数 smtplib.SMTP()创造一个 smtp 发送端实体 smtp_server,该函数的参数为有效的 smtp 服务器与端口。

(7) 函数 ehlo()与 starttls()完成服务器的 ehlo 连接与加密传输设置。

(8) 函数 smtp_server.login()完成发送方用户的登录。

（9）函数 smtp_server.sendmail 实现邮件的发送，参数 1 为发送者，参数 2 为接收者，参数 3 为邮件实体。

注意：

（1）在使用函数 smtp_server.login() 登录过程中，根据用户与邮件服务器的配置，第二个参数可能为用户密码或授权码。例如，163 邮件与 QQ 服务器要求使用授权码，hotmail 则要求使用密码。

（2）理论上讲，在代码中设置邮件实体 mail_message 时，只需邮件主体即可，但实际情况是大多数邮件服务器会把过于简单或包含某些关键字的邮件视为垃圾邮件，返回"554，DT：SPM"垃圾邮件信息并拒绝服务。

（3）邮件主体的设置可参考 POP3 与 IMAP 协议代码返回的邮件内容。

10.3 网 站 访 问

Python 自带的 urllib 包可以实现网页访问请求，urllib 包下有 4 个模块 urllib.request、urllib.error、urllib.parse 与 urllib.robotparser，分别实现网页获取、异常处理、URL 解析与页面解析功能。

urllib.request 模块下包含了一个 urlopen() 函数，该函数可以用于打开指定的网页内容，并将内容以字节的方式存在返回的结果中，其代码示例如下。

```
import urllib.request
url="http://www.baidu.com"
resp=urllib.request.urlopen(url,timeout=1)
print('page status: ',resp.status)
print('page server: ',resp.getheader("Server"))
print('page head: ',resp.getheader("Date"))
print('page head: ',resp.getheaders())
data=resp.read().decode('utf-8')
print('page: ', data)
```

上述网页访问程序的运行结果如图 10-9 所示。

说明：

（1）网页访问需要 import urllib 包下的 request 模块。

（2）使用 request 模块下的 urlopen() 函数打开网址，并将获取网页内容与访问结果等信息返回给参数 resp，目前该网页内容是以字节形式存储的。

（3）resp.status 用于存储访问结果。

（4）resp.getheader("Server") 用于存储访问网站的 Web 服务器类型；resp.getheader("Date") 用于存储日期时间信息；resp.getheaders() 用于存储网页的头信息；resp.read().decode('utf-8') 函数用于将字节形式的网页内容解析成字符形式，使用 utf-8 编码；data 用于存储网页内容，该内容为 HTML 格式的文本。

返回状态 200 表示访问成功，Web 服务器类型为 BWS/1.1，最后一行显示网页内容共

图 10-9　网页访问的运行结果

有 2578 行,在黄色压缩文本(Squeezed text)上右击选择 View,弹出 Squeezed Output Viewer 窗口,在窗口中得到如图 10-10 所示的 HTML 格式的网页内容。

从上面的结果可以看出,使用 Python 的 urllib 包访问网页的代码很简单,只需通过一个函数 urllib.request.urlopen()即可获取目标网页与此次访问的状态信息,这些内容都被结构化地存储在函数的返回结果中(代码中的 resp 实体)。当然 urllib 包的功能不仅仅这些,它还允许人们模拟通过不同浏览器与代理服务器访问网页的真实使用场景。模拟浏览器与代理服务器访问网页的代码如下。

```
#模拟特定的浏览器,并使用指定的代理服务器
import urllib.request
url="http://www.baidu.com"
header ={'User-Agent':
```

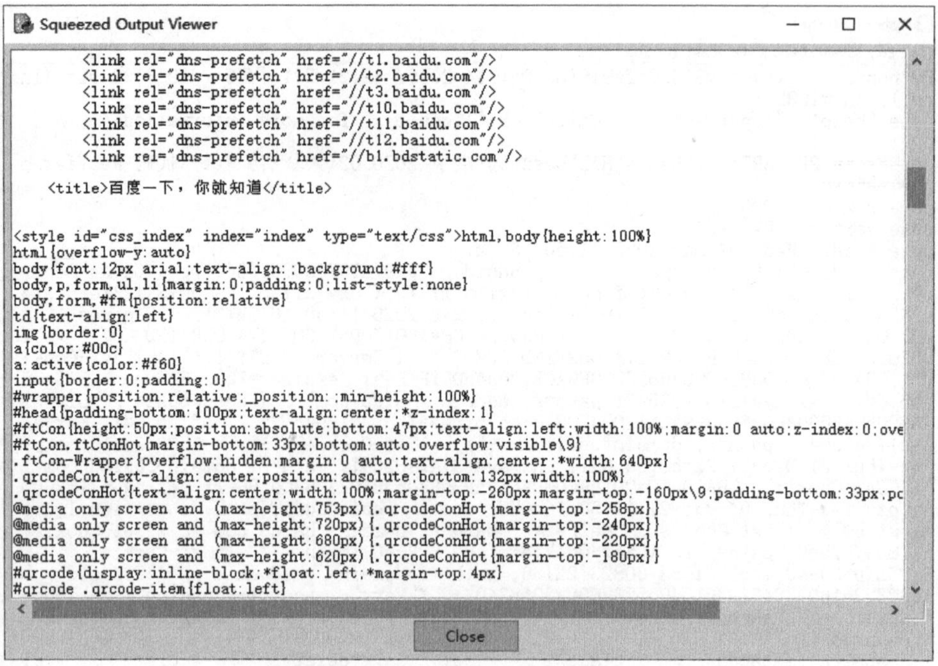

图 10-10 获取网页的 HTML 格式显示

```
        'Mozilla/5.0 (Windows NT 6.1; WOW64) '
        'Chrome/58.0.3029.96 Safari/537.36'}
#proxyAddress 有效的代理服务器地址
proxy=urllib.request.ProxyHandler({'http':'proxyAddress'})
opener=urllib.request.build_opener(proxy,urllib.request.HTTPHandler)
urllib.request.install_opener(opener)
request =urllib.request.Request(url, headers=header)
resp=urllib.request.urlopen(request)
print('page status: ',resp.status)
print('page server: ',resp.getheader("Server"))
print('page head: ',resp.getheader("Date"))
print('page head: ',resp.getheaders())
data=resp.read().decode('utf-8')
print(dir(resp))
print('page: ',data)
```

说明：

(1) 通过添加 header 参数来模拟访问网站的浏览器。

(2) 通过 ProxyHandler() 函数生成 proxy 参数，其中 proxyAddress 为有效的代理服务器地址。

(3) 使用 build_opener() 函数构造一个使用代理服务器的 opener 对象。

(4) 通过 install_opener() 函数将设置好的 opener 对象与 request 连接，这样就可以通过指定的代理服务器工作。

(5) 通过为 request 对象指定参数 header 即模拟使用指定的浏览器来访问网站。

(6) 代码其他部分基本不变,与前面代码运行的结果是一样的,完成相同的功能。但是,注意把变量 proxyAddress 设置成当前机器能用的代理服务器地址。

10.4　单　元　实　验

请完成如下实验。

(1) 编写 Python 代码,通过输入密钥实现循环加密的半双工 Socket 通信。

(2) 与他人合作,编写 Python 代码,实现一个全双工 Socket 多到多通信程序,可以实现两台主机之间的实时消息传递。

(3) 与他人合作,编写 Python 代码,实现一个全双工 Socket 多到多通信程序,通过输入密钥实现循环加密的半双工 Socket 通信。

(4) 使用 POP3 与 IMAP4 协议,编写 Python 代码,实现收取自己的邮箱里的指定邮件并将邮件内容存储在文件中。

(5) 编写模拟多个浏览器并且能够通过多个不同代理服务器访问相同网站的 Python 代码,实现短时间内重复访问同一网站而不会被拒绝服务。

第11章 网络爬虫应用

所谓网络爬虫，就是指一种按照一定的规则自动地抓取网页信息的程序或者脚本。

互联网的价值在于数据的共享，人们浏览网页就是为了获取其中的信息。随着互联网的不断发展，数据形式越来越丰富（如有图片、数据库、音频、视频多媒体等数据形式），数据规模也越来越大，如何才能更快速地在大量的数据中获取有价值的信息呢？答案是可以通过网络爬虫来做到。网络爬虫可以模拟人打开网页链接并获取其内容的过程，只不过它通过程序的编写，能够快速锁定并获取其中它所关注的数据。如果把互联网视为一个大的蜘蛛网，这种采集过程像一个爬虫或蜘蛛在蛛网上漫游，并不断抓取它的猎物——数据，所以它被称为网络爬虫系统或网络蜘蛛系统，英文称为 Spider 或 Crawler。

11.1 爬虫的原理

人们经常使用的搜索引擎主要的组成部分就是爬虫，这种爬虫称为通用爬虫，又称全网爬虫（Scalable Web Crawler）。爬虫的主要目标是将互联网上的网页下载到本地，形成一个互联网内容的镜像备份，为搜索引擎建立索引提供支持。爬虫的爬取从一部分的种子 URL 开始，爬取网页后再从中提取页面包含的其他 URL，然后从这些 URL 开始新一轮的爬取，如此循环往复，直到满足停止条件为止。通用爬虫爬取的信息虽然全面，但是对某一个主题或目标的针对性并不强，因此又出现了聚焦爬虫。

聚焦爬虫是"面向特定主题需求"的一种网络爬虫程序，它与通用搜索引擎爬虫的爬取流程类似，区别在于，聚焦爬虫在实施网页抓取时会对内容进行筛选处理，尽量保证只抓取与需求相关的网页信息。面向某一特定目标进行定向信息爬取的爬虫，是人们通常需要开发的爬虫。

爬虫爬取网页的一般流程分为网页抓取、内容解析、数据存储3个步骤，如图11-1所示。

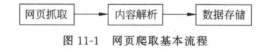

图 11-1　网页爬取基本流程

1．网页抓取

网页抓取就是模拟浏览器打开网页的过程，首先向服务站点发起 HTTP 请求，然后获取一个针对该请求的响应消息，消息中包含的内容便是所要获取的页面内容，包括 HTML、二进制数据(如图片、视频)等类型的数据。如果这些内容在浏览器中打开就是人们平时看到的网页。

2. 内容解析

对于 HTML,可以用正则表达式、网页解析库等进行解析,也可以像直接处理文本那样手动解析。如果是二进制数据,可以进行保存或做进一步的处理。

3. 数据存储

数据可以存储为普通文本,也可以保存为特定格式的文件,还可以存储到数据库中。

11.2 爬虫的基础知识

11.2.1 HTML 基本语法

1. HTML 概述

HTML 称为超文本标记语言,是一种标识性的语言。使用 HTML 语言,将所需要表达的信息(如文字、图形、动画、声音、表格、链接等数据)按某种规则写成 HTML 文件,通过浏览器将这些 HTML 文件"翻译"成可以识别的信息,即现在所见到的网页。在 Chrome 浏览器中打开一个网页,然后右击选择"查看网页源代码"就可以看到网页的 HTML 文本格式。下面来制作一个 HTML 文档。新建一个 TXT 文本文件,然后输入以下代码。

```
<!DOCTYPE HTML>
<html>
    <head>
        <meta http-equiv="Content-Type" content="text/html; charset=utf-8"/>
        <title>我的第一个网页</title>
    </head>
    <body>
        <h1>你好!</h1>
    </body>
</html>
```

然后,将文件保存为名为 hello.html 的文件,双击该文件就可以用浏览器打开网页,如图 11-2 所示。

在这个例子中可以看到,HTML 文本中包含了很多标签<…><…/>,大部分标签是成对出现的,例如<head>和</head>是一对标签,前一个标签表示开始,后面带斜杠的元素表示该标签结束。标签是可以嵌套的,例如<head>标签中就嵌套了<title>标签。从

图 11-2 网页显示

例子中可以发现成对的标签中间是有内容的，<title>标签的内容是一段文本，head 标签的内容是 meta 和 title 两个标签。不需要在中间加内容的标签可以单独存在，例如 meta 标签是单独存在的。标签也可以有属性，例如 meta 标签就有 http-equiv 和 content 两个属性。HTML 语言也有注释，注释的格式为<!… >，第一行的<!DOCTYPE HTML>就是一个注释。

2. HTML 文档结构

下面介绍 HTML 文档的结构，例子中的 HTML 文档结构是一个标准的结构，它包含以下 5 个部分。

（1）DOCTYPE 声明：是文档声明，用来告知 Web 浏览器页面使用了哪个 HTML 版本。声明位于文档中的最前面，处于<html>标签之前。

（2）html 标签：<html></html>称为根标签，所有的网页标签都在<html></html>中。

（3）head 标签：<head></head>标签用于定义文档的头部，头部描述了文档的各种属性。这对标签中可以嵌套<title>、<script>、<style>、<link>、<meta>等标签。

（4）body 标签：在<body>和</body>标签之间的内容是网页的主要内容，如<h1>、<p>、<a>、<img>等网页内容标签，这些标签中的内容会在浏览器中显示出来。

（5）title 标签：在<title>和</title>标签之间的文字内容是网页的标题信息，它会出现在浏览器的标题栏中。网页的 title 标签用于告诉用户和搜索引擎这个网页的主要内容是什么，搜索引擎可以通过网页标题迅速地判断出网页的主题。

HTML 其他常用标签如表 12-1 所示。

表 12-1　HTML 其他常用标签列表

标　签　名	英　　文	含　　义
<h1>~<h6>	head1~head6	子标题
<p>	paragraph	段落
<img>	image	图像
<table>	table	表格
<tr>	table row	表行
<td>	table data cell	单元格
<tbody>	table body	表主体部分
<div>	division	把文档分割成独立、不同的部分

11.2.2　HTTP 协议

HTTP（HyperText Transfer Protocol，超文本传输协议）是用于服务器传输超文本到本地浏览器的传输协议。它不仅可以传输 HTML 文档，还可以传输里面嵌入的各种资源

(如图片、脚本等)。当人们要访问网页时需要在浏览器中输入一个网址,这个网址称为统一资源定位符(Uniform Resource Locator,URL),它可以唯一定位到要访问的网页。不仅网页有 URL,网页上的每个资源(如图片、脚本、Flash 等)都有自己的 URL。当访问一个 URL 时,浏览器(客户端)就会向 Web 服务器发送一个 HTTP 请求,Web 服务器收到请求后就会返回一个响应,正常情况下,响应中会包含 URL 地址对应的内容,如网页 HTML 文档、图片内容;发生错误时,响应中则会包含错误信息。

HTTP 请求有多种类型,包括 GET、HEAD、POST、PUT、PATCH、DELETE 等,其中 GET 方法用来获取 URL 位置的资源,也是通常用得比较多的方法。

人们可以通过浏览器看到访问 URL 时其中的 HTTP 请求。首先打开一个 Chrome 浏览器,按 F12 键后可以看到浏览器分成了两个窗口,新出现的窗口称为开发者工具,单击其中的 network 按钮,然后在网页的网站栏中输入网页地址,本例中输入地址 http://www.moe.gov.cn/。

如图 11-3 所示,此时可以看到开发者工具的列表中多了很多条目,每个条目对应一个 HTTP 请求。列表的 Name 栏中的一个资源是 www.moe.gov.cn,也就是超文本对应的请求。单击这个请求可以看到详情页,该页展示了这个 HTTP 请求的一般信息(General)、请求头(Request Headers)、响应头(Response Headers),如图 11-4 所示。

Name	Status	Type	Initiator	Size	Ti...	Waterfa
www.moe.gov.cn	200	document	Other	17.5 KB	1...	
moe.m.css	200	stylesheet	(index)	(from d...	44...	
moe.module.list.m.css	200	stylesheet	(index)	(from d...	45...	
moe.index.m.css	200	stylesheet	(index)	(from d...	42...	
iosSelect.css	200	stylesheet	(index)	(from d...	42...	

图 11-3　chrome 浏览器中的 http 请求列表

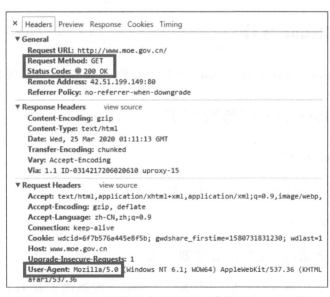

图 11-4　Chrome 浏览器中的 HTTP 请求的 Headers 信息

在 General 的信息中可以看到这个请求使用的是 GET 方法,状态码是 200 OK,表示返回响应成功。需要特别注意的是,User-Agent 字段是浏览器信息,可以看到 Chrome 浏览器的信息是 Mozilla/5.0,其他很多浏览器也都是这个,但是使用 Python 代码请求时默认值为 python-requests,需要修改成 Mozilla/5.0,否则很多网站为了防止爬虫会拒绝请求。

单击 Response 标签可以看到 HTTP 响应的内容,对于该 URL 来说是 HTML 文本,如图 11-5 所示。再单击 Preview 按钮,这个标签是对于响应内容的预览,可以看到一个没有任何资源,只有文字和超链接的纯文本网页。

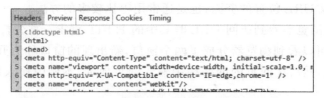

图 11-5 Response 标签显示的 HTTP 响应的内容

读者可以自行单击列表中的其他 HTTP 请求,观察这些请求的 URL、Preview 和 Response 的内容有什么变化。并查看列表下方的 requests 总数的统计,看看这个网页打开过程中浏览器共发送了多少次 HTTP 请求。

11.3 使用 Requests 库抓取网页

Requests 库是用 Python 语言基于 urllib3 改写的、采用 Apache2 Licensed 来源协议的 HTTP 库。它提供的 API 比 urllib 更为简单,可以让使用者更专注于业务代码的开发。

11.3.1 安装 Requests 库

在 cmd 命令处输入 pip install requests 进行安装,可参考 5.2.2 节安装方式。

11.3.2 使用 Requests 库抓取网页

1. 导入 Requests 库

在 IDLE 中输入 import requests,导入 Requests 库。

```
>>>import requests
```

2. 用 HTTP 请求的 GET 方法抓取网页

以 URL 是 http://gaokao.eol.cn/为例。Requests 库提供了和 HTTP 请求一样的方法,这里使用 GET 方法。通过该方法得到一个返回值 r。

```
>>>r=requests.get("http://gaokao.eol.cn/")
```

调用type()方法可以看到,r是一个requests.models.Response类型的对象,对应了HTTP的响应。

>>>type(r)

status_code属性是response对象的状态码,调用status_code可以看到状态码是200,说明成功返回了响应。

>>>r.status_code

text属性可以返回HTTP响应内容的字符串形式,对于这个URL就是页面内容,输入r.text[100]可查看前面100个字符,可以看到是HTML格式。

>>>r.text[:100]

查看结果如图11-6所示。注意,在图片下方的title标签中出现了乱码,说明解码出现了问题。

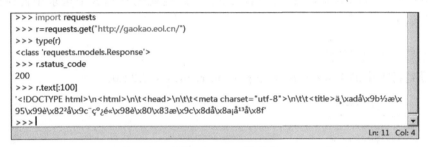

图11-6 使用Requests库访问URL

3. 正确解析文本编码

encoding是从HTTP headers中获取的内容编码方式。它从headers中的meta标签的content-type属性中读取,如果没有就会默认是ISO-8859-1编码。

>>>r.encoding

apparent_encoding是根据文本内容解析的编码,更为准确。

>>>r.apparent_encoding

而text的内容是根据encoding中的编码进行解码的。所以需要把apparent_encoding赋值给encoding,然后再打印r.text。

>>>r.encoding=r.apparent_encoding
>>>r.text[:100]

可以看到此时title标签没有出现乱码,如图11-7所示。

4. 修改Requests库的Headers的User-Agent

User-Agent如果使用Python默认的值,那么有些网站会禁止访问。例如,输入如下

```
>>> r.encoding
'ISO-8859-1'
>>> r.apparent_encoding
'utf-8'
>>> r.encoding = r.apparent_encoding
>>> r.text[:100]
'<!DOCTYPE html>\n<html>\n\t<head>\n\t\t<meta charset="utf-8">\n\t\t<title>中国教育在线高考
服务平台|2020高考志愿填报|2020高考专业|高考'
>>>
```

图 11-7　响应文本正确解码方法

代码。

```
>>>r=requests.get("https://lib-nuanxin.wqxuetang.com/#/")
>>>r
```

运行后的结果如图 11-8 所示,状态码是 405,表示禁用请求中指定的方法。用 r.request 可以获取响应所对应的请求对象,再查看 headers 属性就能看到这个请求中使用的 headers 信息。代码如下。

```
>>>r.request.headers
```

可以看到请求中的 User-Agent 是 python-requests/2.22.0。

```
>>> r=requests.get("https://lib-nuanxin.wqxuetang.com/#/")
>>> r
<Response [405]>
>>> r.request.headers
{'Connection': 'keep-alive', 'User-Agent': 'python-requests/2.22.0', 'Accept-Encoding': 'gzip, deflate', 'Accept': '*/*'}
>>>
```

图 11-8　使用 Python 默认的 User-Agent 的值导致访问失败

下面修改 User-Agent 的值为浏览器的默认值。定义一个字典,key 为 'User-Agent',value 为 'Mozilla/5.0',再赋值给 headers。

```
>>>header={'User-Agent': 'Mozilla/5.0'}
>>>r=requests.get("https://lib-nuanxin.wqxuetang.com/#/",headers=header)
>>>r
>>>r.request.headers
```

再次访问发现返回 200,如图 11-9,此时查看新的 headers,发现 User-Agent 已经更新了,并且其他的值还保持不变。

```
>>> header = {'User-Agent': 'Mozilla/5.0'}
>>> r = requests.get("https://lib-nuanxin.wqxuetang.com/#/",headers = header)
>>> r
<Response [200]>
>>> r.request.headers
{'Connection': 'keep-alive', 'User-Agent': 'Mozilla/5.0', 'Accept-Encoding': 'gzip, deflate', 'Accept': '*/*'}
>>>
```

图 11-9　修改 headers 中 User-Agent 值访问成功

5. 编写抓取网页的函数

编写的抓取网页的函数代码如下。

```python
import requests
def getHtmlText(url):
    try:
        header = {'User-Agent': 'Mozilla/5.0'}
        r = requests.get(url, headers = header)
        r.raise_for_status()              #状态码不为200,抛出异常
        r.encoding = r.apparent_encoding
        return r.text
    except Exception as e:                #捕获异常
        print(e)                          #打印异常信息
        return ""
```

把功能封装成函数可以方便重复使用,使得代码结构更加清晰。该函数的输入是一个URL,调用 GET 方法获取网页。获得响应后调用 raise_for_status()方法,该方法会判断状态码,如果不为 200 就抛出异常,抛出的异常通过 except Exception as e 进行捕获,并打印异常信息。

11.3.3 使用 Requests 库抓取图片

根据之前抓取网页的函数,稍作修改就可以得到抓取单张图片的函数,代码如下。

```python
import requests
import os
def getPic(url, root_path, name):
    #文件名由 name 和 url 的文件名后缀拼接而成
    file_name = name + '.' + url.split('/')[-1].split('.')[-1]
    #用 root_path 和 url 后缀拼接文件名
    path = root_path + file_name
    try:
        #如果文件不存在则下载
        if not os.path.exists(path):
            #如果根目录不存在则创建根目录
            if not os.path.exists(root_path):
                os.mkdir(root_path)
            header = {'User-Agent': 'Mozilla/5.0'}
            r = requests.get(url, headers = header)
            r.raise_for_status()
            #根据路径打开文件
            with open(path, 'wb') as f:
                #将图片(二进制文本)写入文件
                f.write(r.content)
```

```
        print("success")
#捕获异常
except Exception as e:
    print(e)
```

说明：函数的参数分别是图片的 URL、图片保存的目录名和图片名称。图片的文件名根据目录名 root_path、传入的文件名 name 以及 url 的后缀文件名拼接而成。例如，传入的 url 为 http://abc/123.jpg，传入的 name 为"小狗"，url.split('/') 可以将 url 以 '/' 进行分割得到分割后的数组，通过[-1]可以取到数组的最后一个元素，即 123.jpg。再用.split('.')[-1] 取到 jpg，然后和 name 相连得到 file_name 的值为"小狗.jpg"。

保存图片需要先打开图片文件，可以通过 with open() as f 的方式打开文件，这是一种 Python 提供的打开文件的简化写法，避免了传统方式的 try catch 结构和必须要写的 f.close() 语句，其中的参数 wb 代表写入二进制文本。

图片的内容就是响应中的二进制文本，所以 f.write(r.content) 就可以将图片写入文件。

11.4 使用 BeautifulSoup 库解析网页

BeautifulSoup 是一个可以从 HTML 或 XML 文件中提取数据的 Python 库。它能够将这种结构化的数据转化成解析树结构，然后方便地遍历或者查找其中的元素。使用 Beautiful Soup 会比正则表达式更为简单，因为避免了记忆复杂的语法。因其使用简单，所以得到了广泛应用，也非常适合初学者。

11.4.1 安装 BeautifulSoup 库

在 cmd 命令处输入 pip install beautifulsoup4 进行安装，可参考 5.2.2 节安装方式。

11.4.2 使用 BeautifulSoup 库解析 HTML

本节介绍 BeautifulSoup 中的各种网页解析方法，并以前面编写的 HTML 样例为例来实践这些方法。

1. 导入 BeautifulSoup 库

输入如下代码，导入 BeautifulSoup 库。

```
from bs4 import BeautifulSoup
```

2. 解析 HTML

对 11.2.1 节中创建的 hello.html 文件中的 HTML 进行解析，首先将其内容写入字符串。

```
>>>html = '''
<!DOCTYPE HTML>
<html>
    <head>
        <meta http-equiv="Content-Type" content="text/html; charset=utf-8"/>
        <title>我的第一个网页</title>
    </head>
    <body>
        <h1>你好!</h1>
    </body>
</html>
'''
```

再用内容为 HTML 的字符串 html 来初始化 BeautifulSoup。初始化需要传入解析器名作为参数,BeautifulSoup 库有 4 种解析器。本中使用标准的 html.parser,代码如下。

```
>>>soup =BeautifulSoup(html,"html.parser")
```

将解析后的 HTML 进行格式化输出,代码如下。

```
>>>print(soup.prettify())
```

输出后的结果如图 11-10 所示。

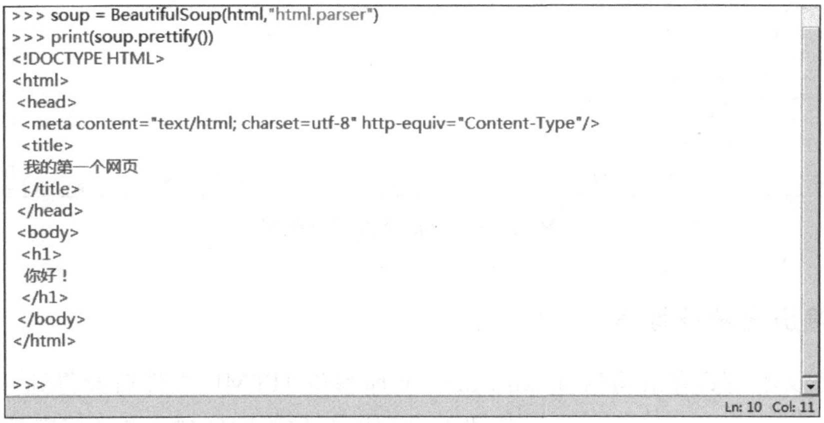

```
>>> soup = BeautifulSoup(html,"html.parser")
>>> print(soup.prettify())
<!DOCTYPE HTML>
<html>
 <head>
  <meta content="text/html; charset=utf-8" http-equiv="Content-Type"/>
  <title>
   我的第一个网页
  </title>
 </head>
 <body>
  <h1>
   你好!
  </h1>
 </body>
</html>

>>>
```


图 11-10　格式化后的 soup 结构

3. 获取 HTML 中的标签元素的方法

要爬取的数据往往在标签内部,所以需要找到数据所在的标签。一般有以下 3 种方式可以找到标签。

(1) 直接法:通过标签名直接获取。这种方法适用于要找的标签(如该标签名为 tag2)在一个已经取到的标签(如该标签名叫 tag1)内部是唯一的,可以通过 tag1.tag2 直接找到 tag2。这种方法有局限性,只能获得 tag1 标签内部的第一个名为 tag2 的标签,如果 tag1 内部有多个 tag2,那么后面的 tag2 就取不到了。

(2) 搜索法：可以通过名称、属性、包含文本等条件来搜索到一个标签。这种方法通常用来处理目标标签有很多同名的标签，用直接法只通过名字不能在多个同名标签中找到目标标签，但通过附加其他条件能唯一确定这个标签。

(3) 遍历法：想要获取的标签没有什么特别之处，这时可以先用直接法或者搜索法找到其周围的某个标签，再通过标签之间的嵌套或者并列的结构关系，经过上、下、左、右等方向的位置移动找到目标标签，这种方法就是遍历法。

4. 用直接法获取标签

可以通过名称直接找到标签。下面以 head 标签为例，代码如下。

```
>>>soup.head
```

若想找到 head 下面的 title 标签，可以输入如下代码。

```
>>>soup.head.title
```

用 type() 函数查看元素类型，能看到是'bs4.element.Tag'类型。

```
>>>type(soup.head)
```

结果如图 11-11 所示。

```
>>> soup.head
<head>
<meta content="text/html; charset=utf-8" http-equiv="Content-Type"/>
<title>我的第一个网页</title>
</head>
>>> soup.head.title
<title>我的第一个网页</title>
>>> type(soup.head)
<class 'bs4.element.Tag'>
>>>
```

图 11-11　用直接法获取标签

5. 用遍历法获取标签

HTML 文本是具有结构的，BeautifulSoup 库解析 HTML 文件后会得到一棵解析树，

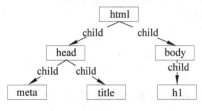

图 11-12　BeautifulSoup 库解析文件后得到的解析树

如图 11-12 所示，标签的嵌套关系在树中是一种父子关系，html 嵌套了 head 和 body 两个标签，那么 head 和 body 就是 html 的子标签。同理 meta 和 title 是 head 的子标签，h1 是 body 的子标签。这棵树有一个根结点 html，通过查找根结点所有的子标签，就可以找到 head 和 body。通过子标签的遍历是一种向下的遍历。

还可以向上、左、右遍历，如图 11-13 所示。找 head 或者 body 的父标签就能找到 html，这是一种向上的遍历。找 head 的下(后)一个相邻标签就能找到 body，这是一种向右的遍历。找 body 的上(前)一个相邻标签就能找到 head，这是一种向左的遍历。特别要注意的是，相邻标签要有同一个父标签才是相邻标签，可以通过相邻的关系遍历。

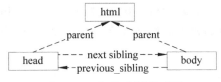

图 11-13　标签遍历关系图

（1）向下遍历：标签的 contents 属性可以将 tag 的子结点以列表的方式输出。结果如图 11-14 所示列表中,除了子标签以外还有换行符。

```
>>>soup.head.contents
```

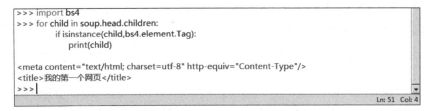

图 11-14　访问 contents 属性的输出结果

再介绍另一种向下遍历的方式,通过标签的 .children 属性返回迭代器,可以配合 for 循环对标签的子结点进行遍历。为了过滤掉换行符之类的非标签元素,需要加入 bs4.element.Tag 类型的判断,isinstance 可以判断是否是某个类型。另外,需要先导入 bs4 库,才能识别 bs4.element.Tag 类型。代码如下。

```
>>>import bs4
>>>for child in soup.head.children:
        if isinstance(child,bs4.element.Tag):
            print(child)
```

执行结果如图 11-15 所示。

```
>>> import bs4
>>> for child in soup.head.children:
        if isinstance(child,bs4.element.Tag):
            print(child)

<meta content="text/html; charset=utf-8" http-equiv="Content-Type"/>
<title>我的第一个网页</title>
>>>
```

图 11-15　使用 .children 遍历子标签

（2）向上遍历：通过 .parent 属性来获取某个元素的父结点。代码如下。

```
>>>soup.h1.parent
```

结果如图 11-16 所示。

```
>>> soup.h1.parent
<body>
<h1>你好！</h1>
</body>
>>>
```

图 11-16　使用 .parent 访问父标签

(3) 相邻结点之间遍历：通过.next_sibling 和.previous_sibling 两个属性可以分别获得下一个相邻元素和上一个相邻元素。然而元素不一定是标签，也可能是换行符之类的符号。代码如下。

```
>>>soup.meta.next_sibling
>>>soup.meta.next_sibling.next_sibling
>>>soup.title.previous_sibling
>>>soup.title.previous_sibling.previous_sibling
```

执行结果如图 11-17 所示。

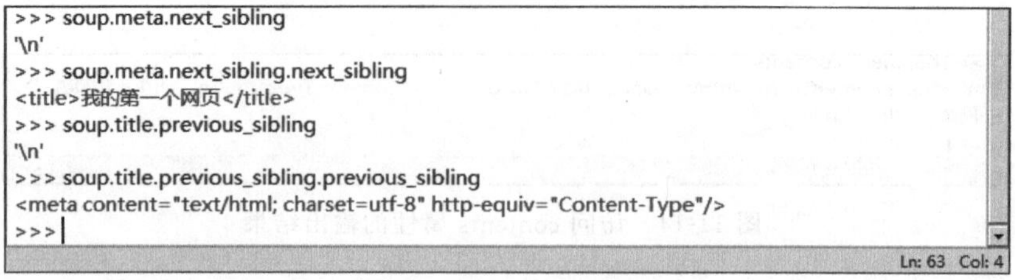

```
>>> soup.meta.next_sibling
'\n'
>>> soup.meta.next_sibling.next_sibling
<title>我的第一个网页</title>
>>> soup.title.previous_sibling
'\n'
>>> soup.title.previous_sibling.previous_sibling
<meta content="text/html; charset=utf-8" http-equiv="Content-Type"/>
>>>
```

图 11-17　相邻结点之间遍历

6. 用搜索法获取标签

使用 find_all(name,attrs,recursive,string,**kwargs)方法，根据传入的一个或多个搜索条件，搜索当前标签的所有子孙标签结点，匹配结果以列表的形式返回。recursive 参数用来控制是否在儿子结点以下的结点内搜索。

1）根据标签名搜索

代码如下。

```
>>>soup.find_all('h1')
```

执行结果如图 11-18 所示。

```
>>> soup.find_all('h1')
[<h1>你好！</h1>]
>>>
```

图 11-18　使用 find_all 方法()根据标签名搜索

2）根据属性搜索

传入参数格式是 attrs＝属性，属性用字典的形式表示。代码如下。

```
>>>soup.find_all(attrs ={'http-equiv':'Content-Type'})
```

执行结果如图 11-19 所示。

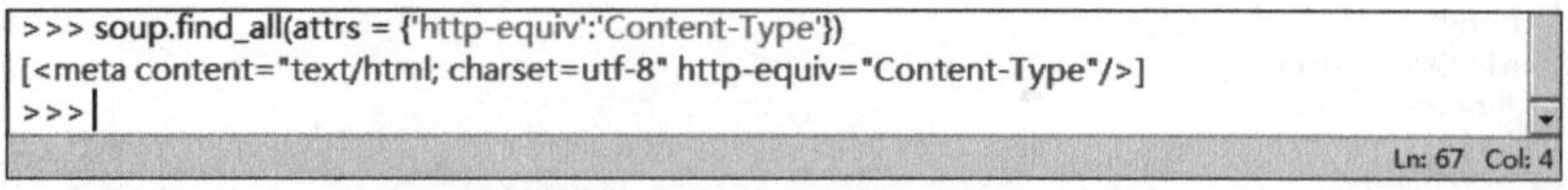

```
>>> soup.find_all(attrs = {'http-equiv':'Content-Type'})
[<meta content="text/html; charset=utf-8" http-equiv="Content-Type"/>]
>>>
```

图 11-19　使用 find_all()方法根据属性搜索

3）根据文本搜索

文本传入的参数格式是 string=文本值，文本值必须是精确匹配。代码如下。

```
>>>soup.find_all(string='你好！')
```

如果想要模糊匹配，需要用到正则表达式。首先导入正则表达式依赖包（包名为 re），import re，用 re.compile()传入查询内容可以实现模糊查询。代码如下。

```
>>>import re
>>>soup.find_all(string=re.compile('你'))
```

执行结果如图 11-20 所示。

```
>>> soup.find_all(string = '你好！')
['你好！']
>>> import re
>>> soup.find_all(string = re.compile('你'))
['你好！']
>>>
                                        Ln: 72  Col: 4
```

图 11-20　使用 find_all()方法根据文本搜索

4）使用多个条件查询

可以使用多个条件查询。例如，要查询标签名为 meta，属性为 http-equiv= "Content-Type"的标签。代码如下。

```
>>>soup.find_all('meta',attrs={'http-equiv': 'Content-Type' })
```

执行结果如图 11-21 所示。

```
>>> soup.find_all('meta',attrs = {'http-equiv':'Content-Type'})
[<meta content="text/html; charset=utf-8" http-equiv="Content-Type"/>]
>>>
                                        Ln: 74  Col: 4
```

图 11-21　用 find_all()方法使用多个条件查询

5）find_all 的简化使用

因为 find_all 使用广泛，所以 BeautifulSoup 库中提供了简化的使用方法，即调用时省略.find_all。代码如下。

```
>>>soup.find_all("h1")
>>>soup("h1")
```

执行结果如图 11-22 所示。

```
>>> soup.find_all("h1")
[<h1>你好！</h1>]
>>> soup("h1")
[<h1>你好！</h1>]
>>>
                                        Ln: 78  Col: 4
```

图 11-22　find_all()的简化用法

6）find()方法

与 find_all()用法相同，区别在于 find()方法只返回符合条件的第一个标签。当要搜索的目标在 HTML 中只有一个时，使用 find()方法更为合适。代码如下。

```
>>>soup.html.find("title")
```

执行结果如图 11-23 所示。

```
>>> soup.html.find("title")
<title>我的第一个网页</title>
>>>|
                                        Ln: 80  Col: 4
```

图 11-23　find()方法搜索举例

7. 查看标签元素的名称、属性和内容文本

1）.name 可以查看标签名称

可以用.name 查看标签名称。代码如下，结果如图 11-24 所示。

```
>>>soup.meta.name
```

2）.attrs 可以查看标签属性

可以用.attrs 查看标签属性，属性用字典格式表示。代码如下，结果如图 11-24 所示。

```
>>>soup.meta.attrs
```

3）.string 可以查看标签中的内容文本

可以用.string 查看标签中的文本。代码如下，结果如图 11-24 所示。

```
>>>soup.title.string
```

```
>>> soup.meta.name
'meta'
>>> soup.meta.attrs
{'content': 'text/html; charset=utf-8', 'http-equiv': 'Content-Type'}
>>> soup.title.string
'我的第一个网页'
>>>|
                                        Ln: 86  Col: 4
```

图 11-24　查看标签元素的名称、属性和内容文本

11.5　爬取图片

好大学在线网站页面网址为 https://www.cnmooc.org/school/view/list.mooc，在院校页面里展示了很多合作院校的图标，如图 11-25 所示，我们的目标是爬取这些图标。

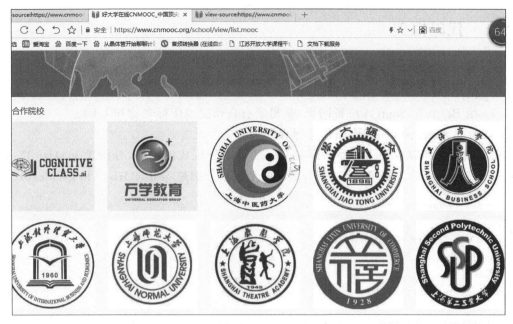

图 11-25　目标网页一

11.5.1　网页源码分析

图 11-25 所示页面的网页源码如图 11-26 所示。

```
<h3 class="sc-list-header">
    <i class="icon-build"></i>合作院校
</h3>
<ul class="sc-list clearfix">

        <li class="sc-item">
            <div class="view view-course">
                <div class="view-show">
                    <div class="view-img" href="javascript:void(0)">
                        <img src="https://static.cnmooc.org/repository/schimg/190/1/7fd47f44213147cabef73c33f53722e3.png" />
                        <a class="view-shadow" href="/school/signed-190.mooc">
                            <div class="shadow-box">
                                <p>IBM认知学堂</p>
                                <p>Cognitive Class</p>
                            </div>
                        </a>
                    </div>
                </div>
            </div>
        </li>

        <li class="sc-item">
            <div class="view view-course">
                <div class="view-show">
```

图 11-26　网页源码一

仔细查看后能够发现,合作院校图标的 URL 都在第一个<ul class="sc-list clearfix">标签内部。ul 标签下是 li 标签组成的列表,每个 li 标签内部都有一个图标的名称和 URL。URL 在 img 标签的 src 属性中,而图标名称在第一个 p 标签内。我们只需要获得这两个信息就可以下载一幅图标并存储到本地。也就是说,只要取到所有 li 标签里面的图标信息,就能下载所有图标。

11.5.2 代码框架

抓取图片的流程可分为以下 3 个步骤。
(1) 使用 Requests 库抓取网页。
(2) 用 BeautifulSoup 库解析网页,获得所有合作院校图标名称和 URL。
(3) 通过 Requests 库抓取图片并保存图片。

抓取网页和抓取单张图片并保存在 12.4.2 节中有现成的代码,分别是 getHtmlText() 和 getPic() 两个函数。框架代码如下,新增两个函数分别是 getPicUrls() 和 getPics()。

```python
import requests
import os
from bs4 import BeautifulSoup
import bs4
#抓取网页
def getHtmlText(url):
    ...
#从网页中解析图片信息
def getPicUrls(pic_urls,html):
    ...
#抓取单张图片并保存
def getPic(url,root_path,name):
    ...
#抓取图片列表中的图片,并保存到目录中
def getPics(pic_urls,root_path)
    ...
#图片保存的目录
root_path ="D://pics//school//"
#网页 URL
url ='https://www.cnmooc.org/school/view/list.mooc'
html =getHtmlText(url)
#图片信息列表
pic_urls=[]
getPicUrls(pic_urls,html)
getPics(pic_urls,root_path)
```

11.5.3 图片信息获取

需要获取每张图片的 URL 和名称,代码如下。

```python
def getPicUrls(pic_urls,html):
    soup =BeautifulSoup(html, "html.parser")
    #找到第一个内含所有图片的标签<ul class="sc-list clearfix">
    ul =soup.find("ul",attrs ={'class':"sc-list clearfix"})
    #获取包含每个图片的标签<li class="sc-item">
```

```
        for li in ul.children:
            if isinstance(li,bs4.element.Tag):
                #找到li标签下的img标签获取其属性src的值为URL
                pic_url =li.img.attrs['src']
                #找到li标签下的p标签获取其文本为图片存储时的名字
                pic_name =li.p.string
                #把名字和url加入pic_urls列表中
                pic_urls.append([pic_name,pic_url])
```

说明：pic_urls 为一个传入的空列表。该函数将解析出来的图片 URL 和名字保存在 pic_urls 列表的元素中，再传入下一个函数。

11.5.4 图片获取和保存

getPics()函数则通过调用 getPic()函数完成多张图片的获取和保存。

```
def getPics(pic_urls,root_path):
    for pic_url in pic_urls:
        getPic(pic_url[1],root_path,pic_url[0])
```

11.5.5 代码执行结果

11.5.2 节至 11.5.4 节代码执行后的结果如图 11-27 所示。

图 11-27　代码执行结果

11.6　爬取数据

在中国教育在线的网站上，能够查询到江苏历年高考的分数线，如图 11-28 所示。页面网址为 http://gaokao.eol.cn/jiang_su/dongtai/201804/t20180404_1593914.shtml。在一

个网页中展示了文科、理科、体育、美术统考、音乐统考等各种类别的分数线。本实验将从网页中提取江苏历年第一批次本科、第二批次本科（简称本一、本二）的分数线，并且将抓取的分数线用折线图的形式展示，效果如图 11-29 所示。

图 11-28　目标网页二

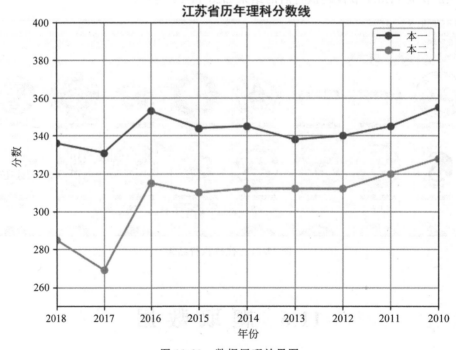

图 11-29　数据展现效果图

11.6.1 网页源码分析

分数线信息都在图 11-28 中网页里的表格中,查看网页源码,表格对应了 tbody 标签。表格中每一行对应了一个 tr 标签。表格前 3 行是表头信息,从第 4 个 tr 开始,每个 tr 标签中包含了一年的分数线信息,如图 11-30 所示。tr 标签内包含了 td 标签列表,每个 td 对应了一个单元格。每个 tr 中的第 1 个 td 内有年份信息,第 4、5 个 td 内分别是理科本一、本二分数线信息。因此只需获取每个 tr 中第 1、4、5 个 td 这 3 个数据,汇总之后就是历年理科本一、本二分数线了。

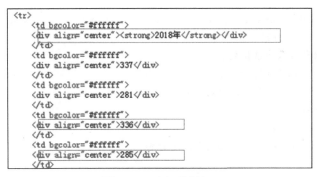

图 11-30 网页源码二

11.6.2 总体代码框架

代码分为数据爬取和数据分析两部分,如图 11-31 所示。因为爬虫爬取的数据一定还要经过处理与分析,才能产生价值,因此本实验加上了数据分析的步骤。

图 11-31 数据爬取与数据分析流程图

(1) 数据爬取将从目标网页中解析出历年本一和本二分数线数据以及年份数据,然后将这些数据存储到文件中。

(2) 数据分析部分则需要从文件中读取数据、处理数据,然后展现数据(绘制历年分数线曲线图)。

11.6.3 数据爬取部分的代码框架

下面是数据爬取部分的代码框架,其中 getHtmlText() 是已有的,fillLines() 函数解析网页中的分数线数据,saveLines() 函数保存分数线数据到文件。

```
import requests
```

```
from bs4 import BeautifulSoup
#抓取网页
def getHtmlText(url):
    ...
#解析网页中的分数线数据
def fillLines(years,lines1,lines2,html):
    ...
#保存分数线数据到文件
def saveLines(years,lines1,lines2,filename):
    ...
url="http://gaokao.eol.cn/jiang_su/dongtai/201804/t20180404_1593914.shtml"
html =getHtmlText(url)
#初始化年份数据和分数线数据列表
years,lines1,lines2 =[],[],[]
fillLines(years,lines1,lines2,html)
#数据存储的文件名
filename ="D://分数线数据.txt"
saveLines(years,lines1,lines2,filename)
```

11.6.4 解析网页中的数据

fillLines()函数传入的参数 years、lines1 和 lines2 分别是年份数据、本一线、本二线的空列表。使用 BeautifulSoup 库先找到 tbody 标签,然后再获取其中的 tr 列表,去掉前 3 行表头,从第 4 行开始,对于每一行 tr 获得其中的 td 列表。从第 1 个 td 中 div 下的文本取到年份信息,从第 4、5 个 td 下的 div 的文本中取到理科本一、本二分数线信息,并保存在列表中。

```
def fillLines(years,lines1,lines2,html):
    soup =BeautifulSoup(html, "html.parser")
    #找到 tbody 标签
    soup =soup.tbody
    #从第 4 个 tr 开始是历年分数线
    for tr in soup("tr")[3:]:
        #获取 tr 中的 td 标签列表
        tds =tr("td")
        #分别保存年份、本一线、本二线数据到对应列表
        years.append(tds[0].div.string)
        lines1.append(tds[3].div.string)
        lines2.append(tds[4].div.string)
```

11.6.5 保存数据到文件

saveLines 函数传入的参数 years、lines1、lines2 是用 fillLines 填充后的结果,filename 是数据存储的文件名。同样,用 with open() as file 的方式创建一个文件,并写入数据。年

份、本一线、本二线的数据各写一行,行内数据用空格分隔。

```
def saveLines(years,lines1,lines2,filename):
    with open(filename,'w') as file:
        #写入数据,用空格分隔同类数据
        for year in years:
            file.write(year+' ')
        #写入换行,分隔不同类数据
        file.write('\n')
        for line1 in lines1:
            file.write(line1+' ')
        file.write('\n')
        for line2 in lines2:
            file.write(line2+' ')
```

保存后,文件中的数据如图 11-32 所示。

图 11-32 保存在文件中的数据

11.6.6 数据分析

完整的数据分析主要包括了 6 个步骤,即分析设计、数据收集、数据处理、数据分析、数据展现、报告撰写,所以又称数据分析六部曲。

(1) 分析设计:是明确数据分析的目的,理清思路,搭建框架等。

(2) 数据收集:就是获取数据,爬虫抓取网页数据就是一个数据收集的过程。当然也可以从其他途径(如数据库、文档等)获取数据。

(3) 数据处理:是指对采集到的数据进行加工整理,形成适合数据分析的样式。

(4) 数据分析:是指用适当的分析方法及工具,对收集来的数据进行分析,提取有价值的信息,形成有效结论的过程。

(5) 数据展现:是通过表格和图形的方式来呈现数据,即用图表说话,让人一目了然。

(6) 报告撰写:数据分析报告其实是对整个数据分析过程的总结与呈现。通过报告,把数据分析的起因、过程、结果及建议完整地呈现出来,以供决策者参考。

11.6.7 数据分析代码框架

本次实验中的数据分析分为数据读取、数据处理、数据展现 3 个步骤。使用 getLines()

函数完成数据读取和数据处理,再将处理后的数据传给 showLines()函数进行数据的展示。

```
filename ="D://分数线数据.txt"
years,lines1,lines2 =getLines(filename)
showLines(years,lines1,lines2)
```

11.6.8 数据读取和处理

getLines()函数包含数据读取和数据处理两部分。

(1) 数据读取部分:从文件中分别读取年份、本一分数线、本二分数线的数据。readline()函数每次从文件中读取一行数据,读取的 string 类型数据需要调用 split()函数将字符串根据空格分隔,再将分隔后的数据放入列表中返回。

(2) 数据处理部分:years、lines1、lines2 是装有字符串类型数据的 3 个列表,需要将其转为 int 类型才可以画图。使用 map()函数进行转换,map()函数有两个参数,第一个是函数,第二个是迭代器,使用 map()函数可以对迭代器中的每个元素 x 用传入的函数 f 进行计算,然后返回 f(x)计算结果组成的迭代器。相当于对传入迭代器中的每个 x 元素,将其转化为 f(x)。对于 line1 来说,相当于对每个元素 x,将其强制转为一个 int 类型。对于年份的数据(如'2018 年')来说,要先去掉后面的"年"字,再转为 int。用[:-1]可以去掉字符串最后一个字符,然后再用 int 进行强制转换。使用 lambda 符号构造了一个匿名函数,参数为 x,函数体为 int(x[:-1]),用 lambda 符号可以减少函数声明的麻烦。

```
#获取分数线数据
def getLines(filename):
    with open(filename,'r') as f:
    #--------------------读取数据---------------------
        #readline 每次读取一行
        years =f.readline().split()
        lines1 =f.readline().split()
        lines2 =f.readline().split()
    #--------------------处理数据---------------------
        #年份数据,去掉最后的"年"字,然后转成 int 类型
        years =list(map(lambda x:int(x[:-1]), years))
        #将分数线转成 int 类型
        lines1 =list(map(int, lines1))
        lines2 =list(map(int, lines2))
        return years,lines1,lines2
```

11.6.9 数据展现

1. 安装 matplotlib 库

为使数据可视化,需要先安装 matplotlib 库。matplotlib 库是一个 Python 二维绘图

库,它可以在各种平台、硬件上和交互式环境中生成高质量的图形。

在 cmd 命令处输入 pip install matplotlib 进行安装,可参考 5.2.2 节第三方库的安装方式。

2. 数据展现

1) 依赖库

使用 matplotlib.pyplot 进行绘图,取一个简短的别名 plt。

使用 pylab 的 mpl 来支持修改默认的字体,以支持图表显示汉字。

2) showLines 完成图形化展示

用.plot()函数绘制折线图,前两个参数分别是所绘点的横坐标列表、纵坐标列表,第三个参数是"o-"表示绘制圆点并把点连成线。label 参数表示在图例中的名字。代码如下。

```
import matplotlib.pyplot as plt        #绘图使用 pyplot
from pylab import mpl                  #图形化展示支持中文
#默认字体设置为黑体
mpl.rcParams['font.sans-serif'] = ['SimHei']
#数据展现
def showLines(years,lines1,lines2):
    #绘制历年分数线折线图
    plt.plot(years, lines1,"o-",label=u"本一")
    plt.plot(years, lines2,"o-",label=u"本二")
    plt.title(u'江苏省历年理科分数线') #设置标题
    plt.xlabel(u'年份')                #设置 x 轴标签
    plt.ylabel(u'分数线')              #设置 y 轴标签
    #设置坐标轴范围
    plt.axis([max(years),min(years),250,400])
    plt.grid('on')                     #显示网格线
    plt.legend()                       #显示图例
    plt.show()                         #显示图片
```

11.7 单元实验

请完成如下实验。

(1) 使用 BeautifulSoup 库解析下面这个字符串,从中获取里面的链接。

\<p class="story">Once upon a time there were three little sisters; and their names were
\<a href="http://example.com/elsie" class="sister" id="link1">Elsie\</a>,
\<a href="http://example.com/lacie" class="sister" id="link2">Lacie\</a> and
\<a href="http://example.com/tillie" class="sister" id="link3">Tillie\</a>;

and they lived at the bottom of a well.</p>

(2) 编程实现一个爬虫,从一个网页中抓取 3 张图片,并保存到一个文件夹中。

(3) 编程实现一个爬虫,可以抓取网页中大学排名,要求爬取排名、名称、总分 3 个内容并保存在文件中。

参考网址为 http://www.zuihaodaxue.cn/zuihaodaxuepaiming2016.html。

第 12 章 多媒体信息处理

计算机诞生之初,只能显示和处理数字和文字,随着计算机技术的发展,计算机逐渐可以处理声音、图形、图像和视频等多种信息形式,这从根本上改变了人们使用计算机的方式,从而给人们的工作和生活带来巨大的变革。

本章介绍利用 Python 处理计算机中多媒体信息的方法,从中体会计算机处理信息的强大功能。

12.1 图像信息的处理

图像是人类获取信息、表达信息和传递信息的重要手段,图像可分为模拟图像和数字图像两类,计算机能处理的是数字图像。数字图像是模拟图像经过离散化处理后生成的计算机能够识别的点阵图像,可以利用计算机对数字图像进行变换、去除噪声、增强、复原、分割、提取特征等操作。本章介绍其中的两种操作:一是将一幅数字图像按照要求处理成带有马赛克效果的图像;二是实现图像降噪。要实现这两个目标,需要先解决下面两个问题。

(1) 理解图像在计算机中是如何表示的,即理解图像的数学模型。

(2) 对于一幅存储在计算机中的待处理图像,如何在 Python 程序中获取图片的尺寸、颜色等相关信息,并实现对这些信息的更改。

下面将逐一解决上述问题。

12.1.1 图像的数学模型

为了说明的方便,仅以灰度图像为例,彩色图像原理相同。在计算机中,图像被分割成若干个像素,每个像素的灰度值用整数表示。一幅 M×N 个像素的数字图像,其像素的灰度值可以用 M 行、N 列的矩阵 f(i,j) 表示:

$$f(i,j) = \begin{bmatrix} f_{11} & f_{12} & \cdots & f_{1N} \\ f_{21} & f_{22} & \cdots & f_{2N} \\ & & \vdots & \\ f_{M1} & f_{M2} & \cdots & f_{MN} \end{bmatrix}$$

习惯上通常把一幅图像左上角的像素定为第(0,0)个像素,用 i 表示垂直方向,用 j 表示水平方向,从左上角开始,纵向第 i 行、横向第 j 列的第(i,j)个像素的灰度值就是矩阵的第(i,j)分量 f_{ij}。这样,一幅数字图像与一个二维矩阵便一一对应起来,从而在计算机中可以用矩阵理论和相应的数学方法对数字图像进行处理。

数字图像在计算机中的数学模型并不是唯一的。很多时候,是将数字图像建模成一个如图12-1所示的坐标系中的函数 Z=f(x,y),其中 x 和 y 是像素点的横纵坐标,函数值 Z 即为该像素点的颜色值或灰度值。需要注意的是,坐标原点在图像的左上角。下面介绍的 PIL 库采用的就是这种数学模型。

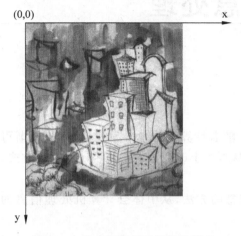

图 12-1 数字图像的函数数学模型采用的坐标系

12.1.2 PIL 库

要使用 Python 获取图像信息然后再对其进行相应处理,并不需要从头做起,因为 Python 有很多功能强大的专门处理图像的第三方库或模块,PIL(Python Imaging Library)库就是应用最广泛的 Python 图像处理库之一。PIL 库支持很多图像文件格式,提供了丰富的图形、图像处理能力。PIL 功能非常强大,但其 API 却简单易用,通常用很少的代码就能实现复杂的处理功能,这是 PIL 的优点。但是,PIL 库更新缓慢,不支持 Python 2.7 以上版本,所以 PIL 库的主要开发者 Alex Clark 和互联网上的志愿者们在 PIL 的基础上创建了一个分支版本,命名为 Pillow,它的更新更为活跃,而且增添了许多新特性。本实验就借助 Pillow 实现图像的处理功能。可以访问 https://pypi.org/project/Pillow 下载适用于自己所安装的 Python 版本的 Pillow 文件。安装完成之后,先来学习如何使用 Pillow 进行简单的图像处理操作。

1. Pillow 的导入

由于 Pillow 是 PIL 的分支,所以导入 Pillow 的代码如下所示。

```
import PIL
```

由于 Pillow 提供的功能非常丰富,为了学习和使用的方便,按照功能划分了若干模块,如 Image、ImageDraw、ImageFont、ImageFilter 等,我们在实验中主要用到了 Image 模块,因此可以只导入 Image 模块,代码如下。

```
from PIL import Image
```

2. 读取图像文件

人可以通过双击打开存储在计算机中的图片从而看到图像的信息,那么 Python 程序如何"看到"一幅图像的信息呢?使用 Pillow Image 模块提供的 open()方法可以从大多数图像格式的文件中读取数据,从而让 Python 程序可以"看到"这幅图像的信息。示例代码如下。

```
im = Image.open("a.jpg")
```

说明：open()方法以文件名为输入（注意，文件名是以字符串的形式输入的，所以文件名外要加引号），返回一个 PIL 图像对象 im，有了这个对象，Python 程序就掌握了图像 a.jpg 的全部信息。可以说，在 Python 程序中 im 就代表了 a.jpg，Python 就是通过 im 来操作和处理图像 a.jpg 的。

3. 获取图像信息

在 Python 程序中获得了一幅图像对应的对象，就可以通过这个对象获取图像的相关信息了。可以通过如下代码返回图像的大小，这里图像尺寸的单位不再是厘米、米等单位，而是像素，所以这里得到的图像的宽度和高度指的是横向和纵向像素点的个数。

```
width,height=im.size
x=im.getpixel((100,50))
im.putpixel((100,50),(125,255,0))
```

说明：
（1）这里的 size 是属性，而不是方法，所以 size 后面不需要括号。
（2）使用 getpixel((x,y))方法可以获得输入像素点(x，y)的灰度值或颜色值，其参数是一个元组，第一分量是像素点的横坐标，第二分量是像素点的纵坐标。根据图像采用的颜色模型的不同，getpixel((x,y))的返回值格式也有所不同。由于 a.jpg 是一幅真彩色图像，所以将上面的代码执行得到了(100,50)像素点的 RGB 值，用元组(r,g,b)表示，其中 r、g 和 b 的取值范围是 0~255。
（3）putpixel((x,y),a)方法用于将(x,y)处像素点的颜色值设置成 a。

4. 显示和保存图像

在处理图像的过程中，如果需要查看当前处理的效果可以使用 show()方法，该方法把一副图像保存到磁盘并显示，编程者可以通过观察图像判断程序是否达到了预期的效果，以方便调试，代码如下。

```
im.show()
```

当图像处理结束时，要把处理结果保存到图像文件中，只有这样，当双击图片文件打开它时，才能看到处理的结果，使用的方法是 save()，代码如下。

```
im.save("a.jpg")
```

Pillow 的功能非常强大，以上介绍的只是本实验涉及的功能，如果想了解 Pillow 的其他功能，可以查阅使用手册 https://pillow.readthedocs.io/en/stable/index.html。

12.1.3 制作马赛克效果

马赛克是一种广泛使用的图像处理技术，它通过将图片的细节弱化达到隐藏信息的目的。马赛克效果的原理是将待处理图像按照要求划分为 N×M 个正方形区域，然后将每个正方形区域的所有像素点的颜色设置为该区域的平均颜色，从而达到弱化细节的目的。制作马赛克效果的算法流程图如图 12-2 所示。

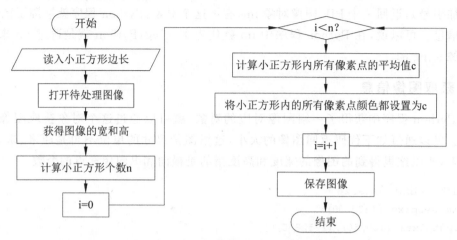

图 12-2　制作马赛克效果算法流程图

将上述算法转化成 Python 代码时，需要注意以下几点。

(1) 因为在一幅数字图像中度量长度的单位是像素点，所以小正方形的边长必须是整数 a，代表着该小正方形是由 a×a 个像素点构成的。

(2) 待处理图像文件在硬盘中如果与编写的 Python 程序在同一个目录下，给函数 open()、save()传递参数时可以只传递文件名，否则要传递图像文件存放的绝对路径＋文件名。如果待处理图像保存在 D 盘根目录下，代码应为 im.open("D:/lighthouse.jpg")。

(3) 为了方便起见，在编写 Python 程序时，没有像算法流程图中描述的那样用一个变量 i 记录当前处理的小正方形编号，而是用(N,M)记录当前处理的小正方形编号，其中 N 代表当前处理的小正方形在水平方向的编号，M 代表当前处理的小正方形在垂直方向的编号。这样做的好处是，很容易根据小正方形的边长 a 计算出当前小正方形中包含的像素点的坐标，例如 a×N 就是当前处理小正方形的起始点横坐标，a×(N+1)-1 就是其终止点横坐标；a×M 就是其起始点纵坐标，a×(M+1)-1 就是其终止点纵坐标。另外，当图像处理到最右侧和最下侧时"小正方形"可能不是真正的正方形，所以在实际编程时确定小正方形终止点的横坐标时取了 width 和 a×(N+1)-1 的最小值，小正方形终止点的纵坐标取 height 和 a×(M+1)-1 的最小值，这就是考虑了特殊情况的处理。正因为这种特殊情况的存在，在计算小正方形内像素点的平均颜色的时候，小正方形中包含的像素点的个数 S 并不是 a×a，而是通过循环次数累加出来的值。

(4) 由于计算小正方形内所有像素点的平均值这个功能相对独立，为了代码的结构更合理并且增加可读性，可将其封装成独立的函数。对将小正方形内的所有像素点颜色都设置为平均值的功能也做了同样处理。

(5) 由于处理的是采用 RGB 模型的图像，在计算颜色平均值时，R、G 和 B 是分别计算平均值的。取得每个像素点的颜色使用的方法是 getpixel((x,y))，前文介绍过，它的返回值是一个三元组(R,G,B)。

制作马赛克效果的 Python 代码如下，有兴趣的读者可将代码补充完整。

```
from PIL import Image
```

```
#计算并返回小正方形中像素点平均颜色值
def avg_color(im,x1,x2,y1,y2):
    ...                                          #请读者自行补充
#将小正方形中所有像素点的颜色设置为平均颜色 color
def set_color(im,x1,x2,y1,y2,color):
    ...                                          #请读者自行补充

a = eval(input("Please input the length of the square side:"))
im = Image.open("lighthouse.jpg")
width,height = im.size
if width%a == 0:
    N = width//a
else:
    N = (width//a) + 1
if height%a == 0:
    M = height//a
else:
    M = (height//a) + 1
for i in range(N):
    for j in range(M):
        x1 = a * i
        y1 = a * j
        x2 = min(width,a * (i+1))
        y2 = min(height,a * (j+1))
        avg = avg_color(im,x1,x2,y1,y2)
        set_color(im,x1,x2,y1,y2,avg)
#显示图像
im.show()
#保存图像
im.save("ligthhouse.jpg")
```

使用上述代码,当 a 值设定为 10 时,图像处理前后的效果如图 12-3 所示。

(a) 马赛克处理前的效果　　　　(b) 马赛克处理后的效果

图 12-3　马赛克处理前后效果对比图

12.1.4　图像降噪

现实中的数字图像在数字化和传输过程中常受到成像设备与外部环境的影响而产生噪声,噪声可以理解为"妨碍人的感觉器官对所接收的信源信息理解的因素"。噪声是干扰图像质量的重要因素,减少数字图像中噪声的过程称为图像降噪。

图像降噪有很多方法,本实验使用一种最简单、最容易理解的方法,并且为了方便处理只处理灰度图像。这种方法的原理是对数字图像中的每一个像素点 p,选取它周围的 8 个像素点作为其邻域,设定一个阈值 G,用像素点 p 的灰度值与阈值 G 作比较得到相应的真值 b,当 p 的邻域内的 8 个像素点的灰度值与 G 比较得到的真值有多于 N 个与 b 不同时,即认为该点(p 点)为噪声点,并将 p 点的灰度值设置为 p 点的正上方像素点的灰度值。从原理的描述中不难发现,这是一个"简单粗暴"的方法,它非常适用于去除图像在扫描过程中产生的颗粒噪声,但也正是由于平均处理而引起了处理过后图像的模糊现象。实现图像降噪的代码如下。

```python
from PIL import Image
def get_pixel(im,x,y,G,N):
    if im.getpixel((x,y)) >G:
        b =True
    else:
        b =False
    near =0
    if b ==(im.getpixel((x-1,y-1)) >G):
        near =near+1
    if b ==(im.getpixel((x-1,y)) >G):
        near =near+1
    if b ==(im.getpixel((x-1,y+1)) >G):
        near =near+1
    if b ==(im.getpixel((x,y+1)) >G):
        near =near+1
    if b ==(im.getpixel((x+1,y+1)) >G):
        near =near+1
    if b ==(im.getpixel((x+1,y)) >G):
        near =near+1
    if b ==(im.getpixel((x+1,y-1)) >G):
        near =near+1
    if b ==(im.getpixel((x,y-1)) >G):
        near =near+1
    if near <N:
        return im.getpixel((x,y-1))
    else:
        return None
def clear_noise(im,G,N):
```

```
        width,height = im.size
        for x in range(1,width-1):
            for y in range(1,height-1):
                color = get_pixel(im,x,y,G,N)
                if color != None:
                    im.putpixel((x,y),color)
image = Image.open("coin.jpg")
clear_noise(image,50,5)
image.save("coin1.jpg")
```

当 G 值设定为 50，N 取 5 时，代码处理前后的效果如图 12-4 所示。

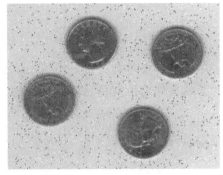

(a) 图像未降噪前的效果　　　　　　(b) 图像降噪后的效果

图 12-4　图像降噪效果对比图

12.2　数字音频的处理

音频分为模拟音频和数字音频，数字音频是模拟音频的量化。从理论上说，声音的物理形态通过电声转换可以得到完全的"存在形式"的转变，它至少在理论上是能对声音做出完整转换、记录和保存的。因为声音只是从一种形态（震动能量与空气压力）完整地变成了另一种形态（电信号），并且是连续不断的，这样的过程一般就称为"模拟"。而数字音频则对电信号进行了人为的筛选甚至是大幅度的简化，采用的基本原理是用一系列"点"连成的曲线近似表示声波。这些"点"就是采样点，只要用一个数字确定和记录每个采样点的位置（x 轴为时间，y 轴为振幅），就可以用一系列数字描述出一条声波曲线了。

利用 Python 处理数字音频同样需要借助第三方库，本节使用的是 pydub 库。

12.2.1　pydub 库

pydub 是 Python 的一个数字音频处理库，简单易用，能够通过简单的函数调用实现丰富的音频处理功能。pydub 库只能直接支持 .wav 格式的音频处理，如果需要处理其他格式的音频，需要安装 ffmpeg 工具。为了简单起见，本节不依赖 ffmpeg 工具，只处理 .wav 格式的音频文件。如果计算机已经连接互联网,可直接使用 pip install pydub 命令安装 pydub 库;如果计算机不能直接连接互联网,可以通过其他设备访问 http://pydub.com 下载适用于自己计算机所安装的 Python 版本的 pydub 库。安装完成之后,先来学习如何使用 pydub 库进行简单的音频处理操作。

12.2.2 音频文件处理

1. 读取音频文件

要读取一个 .wav 格式的音频文件信息,只需要用到 pydub 库中 AudioSegment 模块提供的方法,所以需要先导入该模块,代码如下。

```
from pydub import AudioSegment
```

from_file(name,format)方法将一个名为 name 的音频文件打开成一个 AudioSegment 类型的实例,这个实例中记录了这个名为 name 的音频文件的所有信息,可以通过如下代码返回它的采样频率、量化位数和声道数等信息。

```
song = AudioSegment.from_file("a.wav", format="wav")
print(song.frame_rate)
print(song.sample_width)
print(song.channels)
```

说明:

(1) 待处理音频文件在硬盘中如果与编写的 Python 程序在同一个目录下,给 from_file() 传递参数时可以只传递文件名,否则要传递图像文件存放的绝对路径+文件名,如待处理图像保存在 D 盘根目录下,代码应为 AudioSegment.from_file("D:/a.wav", format = "wav")。

(2) frame_rate、sample_width 和 song.channels 都是属性而不是方法,所以使用时后面不需要括号。

(3) 采样频率的单位是赫兹(Hz),量化位数的单位是字节(Byte),1 表示单声道,2 表示双声道。

2. 音频文件的剪辑

使用 pydub 库,可以很轻松地完成对音频文件的剪辑,获取音频文件中所需的一部分。前文说过,使用 from_file 打开一个音频文件时返回一个 AudioSegment 类型的实例 song,对 song 可以像字符串一样进行切片操作,例如,song[0:10000]表示的是取得从开始到 10000ms 这段时间的音频,一定要注意,pydub 库中时间的单位都是毫秒(ms)。除了可以对 song 按时间进行切片,还可以将音频文件直接用运算符"+"进行拼接而获得新的音频文件。下面代码实现的功能是将音频文件 a.wav 中 10000~20000ms 时间段的部分和 30000~40000ms 时间段的部分剪辑出来并且拼接成一个文件,最后使用 export()方法将新得到的音频文件保存到 b.wav 文件中。

```
from pydub import AudioSegment
song =AudioSegment.from_file("a.wav",format="wav")
p1 =song[10000:20000]
p2 =song[30000:40000]
song_new =p1 +p2
song_new.export("b.wav",format="wav")
```

3. 淡入、淡出处理

顾名思义,音频淡入是指在音频开始播放时音量逐渐增大;音频淡出是指在音频即将结束时音量逐渐减小,直到结束。fade_in(duration)方法实现了音频的淡入功能,通过参数 duration 设置淡入效果的持续时间,单位为毫秒。fade_out(duration)方法实现了音频的淡出功能,同样是通过参数 duration 设置淡出效果的持续时间,单位为毫秒。下面是设置 10s 淡入、10s 淡出效果的代码。

```
from pydub import AudioSegment
song =AudioSegment.from_file("a.wav",format="wav")
song1 =song.fade_in(10000)
song2 =song1.fade_out(10000)
song2.export("b.wav",format="wav")
```

4. 将两个单声道音频合并为一个多声道音频

from_mono_audiosegments(left_channel,right_channel)方法可以将作为参数传入的两个单声道音频 left_channel 和 right_channel 合并为一个双声道音频,代码如下。

```
from pydub import AudioSegment
left_channel =AudioSegment.from_wav("sound1.wav")
right_channel =AudioSegment.from_wav("sound1.wav")
stereo_sound=AudioSegment.from_mono_audiosegments
            (left_channel,right_channel)
```

12.3 单元实验

请完成如下实验。

(1) 使用 putpixel((x,y),a)方法,给图像中指定像素点设置颜色。要求:设置横坐标可以被 10 整除、纵坐标为 100 的所有像素点均为红色(RGB 值为(255,0,0)),即设置(0,100),(10,100),(20,100),…像素点为红色。

(2) 以下是 Pillow 使用手册中 Image 和 ImageDraw 模块中一些方法的介绍。

① Image.new(mode,size,color):Image 模块中的 new 方法用来根据输入的参数创建一副新图像。参数 mode 表示图像所采用的颜色模型,如 RGB 表示真彩色图像,1 表示黑白两色图像。参数 size 是一个表示图像尺寸的二元组(width,height)。参数 color 表示图像

使用的颜色,具体的颜色值可以是字符串,如用 blue 表示蓝色,black 表示黑色;还可以根据不同的颜色模型给出具体数值,如采用的颜色模型是 RGB,可以用(0,0,255)表示蓝色,用(0,0,0)表示黑色。

② ImageDraw.Draw(image,mode=None):ImageDraw 模块中的 Draw 方法用来创建一个可以在给定的 Image 对象中进行绘图的新对象。第一个参数即为给定的 Image 对象,第二个参数是适用的颜色模型,可缺省。

③ ImageDraw.line(xy,fill=None):ImageDraw 模块中的 line 方法用来画一条线段。参数 xy 是一个坐标的二元组((x1,y1),(x2,y2)),第一分量是线段起始点坐标,第二分量是线段终止点坐标。参数 fill 是所画线段使用的颜色,具体取值参考 Image.new(mode,size,color)中参数 color 的说明,需要指出的是,该参数可以缺省,缺省时使用的颜色默认为白色。

④ ImageDraw.chord(xy,start,end,fill=None):ImageDraw 模块中的 chord 方法用来在给定的矩形区域内画出一段弧线,然后用线段把弧线的起点和终点连起来。参数 xy 是一个坐标的二元组((x1,y1),(x2,y2)),第一分量表示矩形的左上角坐标,第二分量表示矩形的右下角坐标。参数 start 表示弧线的起始弧度值,end 表示终止弧度值,当起始弧度值取 0、终止弧度值取 360 时,该方法可以用来画圆。参数 fill 表示用来填充弧线与线段围出区域的颜色,取值同上。

请使用上面介绍的方法创建一个黑色背景、大小为 600×600 像素的 RGB 图像,使用 line()方法画出左上角坐标点(100,100)、右下角坐标(500,500)的矩形边框,边框颜色设置为白色;在矩形区域内绘制圆,填充色为白色,效果如图 12-5 所示。

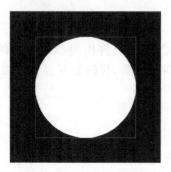

图 12-5　绘制填充效果图

(3) 将 12.13 节中增加马赛克效果的代码修改成适合处理灰度图像的程序。在完成实验时体会将具有独立功能的代码段封装成函数的好处。

(4) 调整 12.14 节中实现图像降噪的代码中的参数 G 和 N 的值,观察能否得到更好的降噪效果。

(5) 从网上下载一个 wav 格式的音频文件,打印出该文件的采样频率、量化位数和声道数,要求有单位。

(6) 从网上下载一个 wav 格式的音频文件,剪辑出其中的若干片断,并将这些片段拼接成一个新的 wav 格式的音频文件。

(7) 从网上下载一个 wav 格式的音频文件,将视频的前十分之一部分设置为淡入效果,最后十分之一部分设置为淡出效果。(提示:需要用到 len()方法返回音频文件的时长)。

参 考 文 献

[1] 李暾. 大学计算机基础[M]. 3版. 北京：清华大学出版社，2018.
[2] 周海芳，等. 大学计算机基础实验教程[M]. 2版. 北京：清华大学出版社，2018.
[3] 战德臣，等. 大学计算机：计算思维导论[M]. 北京：电子工业出版社，2013.
[4] 战德臣. 大学计算机基础——理解和运用计算思维（慕课版）[M]. 北京：人民邮电出版社，2018.
[5] Eric Matthes. Python编程从入门到实践[M]. 袁国忠，译. 北京：人民邮电出版社，2016.
[6] Magnus Lie Hetland. Python基础教程[M]. 司维，等译. 2版. 北京：人民邮电出版社，2014.
[7] Naomi Ceder. Python快速入门[M]. 戴旭，译. 3版. 北京：人民邮电出版社，2019.
[8] 张洪朋. Python核心技术实战详解[M]. 北京：人民邮电出版社，2019.
[9] Wesley Chun. Python核心编程[M]. 孙波翔，译. 3版. 北京：人民邮电出版社，2016.
[10] 吕云翔. Python大学教程[M]. 北京：电子工业出版社，2017.
[11] 何明，等. 大学计算机基础[M]. 南京：东南大学出版社，2018.
[12] 何明，等. 大学计算机基础实验教程[M]. 南京：东南大学出版社，2018.
[13] 道格. 赫尔曼. Python 3标准库[M]. 苏金国，等译. 北京：机械工业出版社，2018.
[14] Ben Forta. MySQL必知必会[M]. 刘晓霞，等译. 北京：人民邮电出版社，2009.
[15] 宋金玉，等. 数据库原理与应用[M]. 北京：清华大学出版社，2011.
[16] Baron Schwartz. 高性能MySQL[M]. 宁海元，等译. 3版. 电子工业出版社. 2013.
[17] 王英英，等. MySQL5.7从零开始学[M]. 北京：清华大学出版社，2018.
[18] 张工厂. MySQL5.7从入门到精通[M]. 北京：清华大学出版社，2019.
[19] 余本国. 基于Python的大数据分析基础及实战[M]. 北京：水利水电出版社，2018.
[20] 赵宏. Python网络编程[M]. 北京：清华大学出版社，2018.
[21] 张涛. 从零开始学Scrapy网络爬虫（视频教学版）[M]. 北京：机械工业出版社，2019.
[22] Ryan Mitchell. Python网络爬虫权威指南[M]. 神烦小宝，译. 2版. 北京：人民邮电出版社，2019.
[23] Rafael C. 数字图像处理[M]. 阮秋琦，等译. 北京：电子工业出版社，2018.
[24] 岳亚伟. 数字图像处理与Python实现[M]. 北京：人民邮电出版社，2020.

图书资源支持

感谢您一直以来对清华版图书的支持和爱护。为了配合本书的使用,本书提供配套的资源,有需求的读者请扫描下方的"书圈"微信公众号二维码,在图书专区下载,也可以拨打电话或发送电子邮件咨询。

如果您在使用本书的过程中遇到了什么问题,或者有相关图书出版计划,也请您发邮件告诉我们,以便我们更好地为您服务。

我们的联系方式:

地　　址:北京市海淀区双清路学研大厦 A 座 701

邮　　编:100084

电　　话:010-83470236　010-83470237

资源下载:http://www.tup.com.cn

客服邮箱:2301891038@qq.com

QQ:2301891038(请写明您的单位和姓名)

资源下载、样书申请

书圈

扫一扫,获取最新目录

课程直播

用微信扫一扫右边的二维码,即可关注清华大学出版社公众号"书圈"。